KB234509

만점을 위한 1등노트 필기

초등3-1
과학편

교과서와 노트만으로 100점 맞는 법

만점을 위한 1등 노트 필기
: 초등 3-1 과학편

1판 1쇄 발행   2010년 3월 25일

집필	강승임 · 김주희
기획	이봉순
편집	디박스
디자인	디박스
일러스트	강은옥(blog.naver.com/hayama84)
발행인	이연화
발행처	아주큰선물

주소	서울시 용산구 이촌동 한가람 Ⓐ 214-1002
대표전화	02-796-7411
대표팩스	02-796-7412
등록번호	106-09-23890

만점을 위한 1등 노트 필기

초등3-1 과학편

강승임, 김주희 공저

우리 아이 과학 첫 100점 공부법~ 노트 필기로 하나씩, 천천히, 확실히!

3학년부터 배우게 되는 '과학!'

과학을 잘 하고 또 과학 시험도 잘 보는 아이로 만들기 위해서는 먼저 과학 교과에 대한 이해가 필요해요. 과학 교과는 우리 일상생활에서 과학과 관련된 문제들을 탐구해 보고 과학적 지식을 활용하는 내용으로 짜여 있어요. 그래서 실험 및 관찰, 탐구 활동을 제대로 수행하고 이해하는 것이 중요합니다. 여기서 이끌어낸 원리와 개념들을 간결하고도 정확하게 공부한다면 과학 교과를 정복할 수 있어요.

그런데 실험이나 관찰 등은 과학적인 탐구 정신이 있는 아이가 아니라면 대다수는 흥미 없어 하지요. 그래서 많은 엄마들이 사회보다 과학 공부시키는 걸 좀 더 어려워해요. 아이가 별 흥미를 보이지 않으니까요. 사회도 흥미 없기는 마찬가지지만 과학은 용어 자체가 더욱 생소하지요.

그럼에도 엄마들은 다음의 두 가지 방법으로 과학 공부를 시켜요.

첫 번째는 전과를 달달 외우게 하는 거예요. 교과서를 외우게 하고 싶은데, 탐구활동이 많아 차라리 결과와 답이 모두 나와 있는 전과를 선택하는 것이지요. 만약 아이가 정말 전과의 내용을 거의 완벽하게 외운다면 이 방법이 아주 유용해요. 그런데 대부분의 아이들에게 전과는 복잡하게 다가오지요. 또 외울 양이 많다는 생각에 그냥 포기하게 돼요.

두 번째는 문제를 많이 풀게 하는 거예요. 문제를 많이 풀면 간접적으로 지식도 습득하고 유형도 익힐 수 있어서 1석2조의 효과를 얻을 수 있을 것 같지요. 문제 유형을 익힐 수 있다는 건 맞지만 지식을 습득하는 것은 한계가 있어요. 문제집만으로는 개념 정리와 원리 이해가 체계적으로 이루어지기 어려워요.

그렇다면 어떤 방법으로 과학 공부를 시키는 게 가장 좋을까요? 정답은 노트 필기예요!

노트 필기를 하게 되면 과학 개념과 원리를 체계적으로 정리하면서 이해도 잘할 수 있고, 나중에 암기를 할 때도 쉽고 빨리 할 수 있답니다.

교과서 순서대로 정리해 나가면서 과학 노트 필기를 완성해 보세요. 그럼 아이가 고학년이 될 때쯤 자기만의 노트 필기법을 찾아내어 혼자서도 과학 공부를 척척 할 거예요.

강승임, 김주희

목차

1장. 과학 만점을 위한 가장 좋은 노트 필기법

2장. 과학 만점을 위한 단 하나의 공부법

3장. 3학년 1학기 과학 교과서 완전정복 만점 노트 필기

과학 만점을 위한 가장 좋은 노트 필기법

3학년 올라와서 처음 보게 된 과학 교과서. 한 장씩 넘기며 보니 어떤 생각이 드나요? 과학 지식이나 정보보다 탐구활동이 많다는 걸 금방 알았을 거예요. 과학은 실험이나 관찰이 중요하기 때문에 당연한 것이지요. 그래서 과학 노트 필기를 할 때도 개념이나 원리뿐만 아니라 탐구활동의 과정이나 결과, 원인 등을 정확히 밝혀 정리해야 해요.

1 3학년부터 과학 노트 필기를 해야 해요!

3학년이 되면 과학 교과서를 두 개나 공부해요. 「과학」과 「실험 · 관찰」이에요. 과학은 탐구를 통해 자연 세계의 개념과 원리를 파악하는 공부이기 때문에 실험과 관찰이 정말 중요하지요.

그런데 교과서만으로 과학 공부를 하는 것은 힘들어요. 탐구 방법과 과정은 자세히 나와 있는데, 탐구 결과가 제대로 나와 있지 않기 때문이지요. 따라서 노트 필기를 통해 과학의 다양한 개념과 원리, 그리고 탐구 활동의 결과를 정리해야 해요. 그래야 내용을 정확하게 외울 수 있고, 굳이 다른 자료를 찾아보지 않아도 되지요.

 과학 노트 필기의 좋은 점

1. 과학적이고 체계적으로 생각하는 힘이 길러져요.

2. 과학 개념과 원리를 동시에 파악할 수 있어요.

3. 필기를 하면서 미처 이해하지 못했던 것을 이해할 수 있어요.

4. 탐구 주제와 과정, 그리고 결과까지 한눈에 알 수 있어요.

5. 과학 시험 공부할 때 빠르고 정확하게 외울 수 있어요.

3학년 수준에 맞는 과학 노트 필기를 해야 해요!

고학년 이상의 과학 노트를 보면 기호가 많고 관련 그림이나 도표, 그래프 등이 많아요. 그런데 이제 노트 필기를 시작하는 3학년에게는 기호나 도표 자체가 낯설지요. 그리고 3학년 과학 교과서를 보면 앞으로 배울 과학의 기초적인 개념과 간단한 원리 위주로 되어 있기 때문에 기호를 쓰거나 그림을 그릴 일이 그리 많지는 않아요.

따라서 3학년 과학 노트 필기는 일단 교과서 내용과 순서에 맞게 정리하는 것이 좋답니다. 이 과정을 통해 교과서에서 핵심을 뽑아내고 그것을 보기 좋게 정리하는 방법을 익힐 수 있을 거예요. 그러다 점차 학년이 올라가면서 자기만의 개성이 담긴 노트 필기를 해 봅니다.

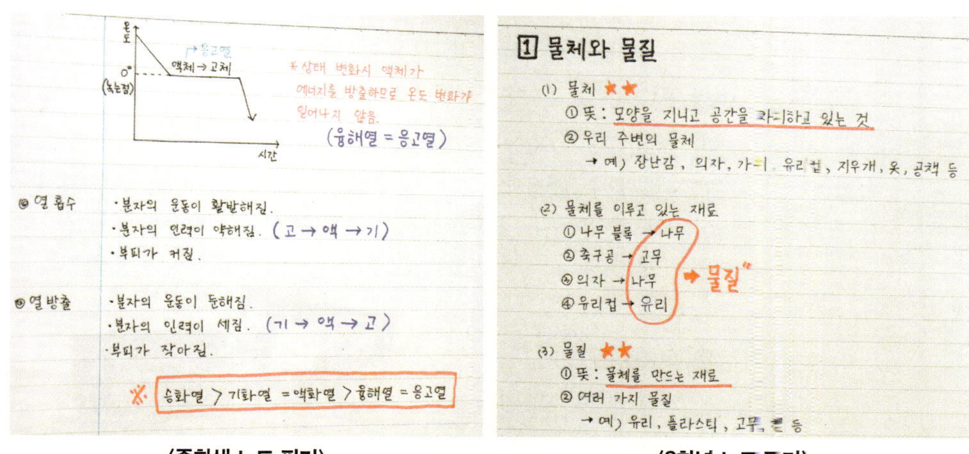

〈중학생 노트 필기〉　　〈3학년 노트 필기〉

3학년을 위한 초간단 과학 노트 필기법이 있어요!

ⓞ 준비물 갖추기

노트 필기를 하려면 노트가 있어야 하고, 연필, 지우개 등도 필요하지요.
어떤 준비물이 있어야 하는지 다음을 참고하세요.

🌱 과학 노트

과학 노트는 줄 사이의 간격이 너무 좁거나 넓지 않아야
해요. 줄 간격은 9~10mm가 적당합니다. 매수는 25매
내외가 적당하고, 종이는 부드러운 미색지가 좋습니다. 종이가
너무 얇아서 뒷장이 비치는 것은 적합하지 않습니다.

🌱 필기도구 – 연필, 지우개, 빨간색 사인펜, 자

연필, 지우개, 빨간색 사인펜, 형광펜 등이 필요해요. 종종 표를 그려야 하기
때문에 적당한 크기의 자도 준비해 둡니다. 자는 20cm 이하의 투명한 직사각형
자가 좋아요. 칸을 정확히 나눠야 하기 대문에 모눈종이처럼 눈금이 표시되어
있으면 더욱 실용적이지요.

🌱 과학 교과서

노트 필기는 무조건 교과서를 기본으로 하기 때문에 당연히 교과서가 있어야
합니다. 만약 선생님이 필기를 해 준다면 그 내용을 그대로 베껴 쓰면 되고,
그렇지 않다면 수업 시간에 공부한 내용을 교과서에 표시해 두었다가 쉬는
시간이나 집에 와서 노트에 정리합니다.

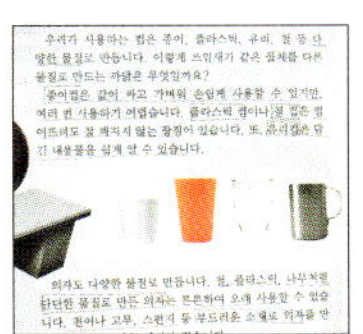

🌱 전과나 백과사전

탐구 결과를 정확히 알기 어려울 때가 종종 있을 거예요. 이때 전과나 백과사전에서 도움을 받도록
합니다. 그럼 자기주도적 학습 습관도 들일 수 있어요.

1 제목 쓰기

이제 본격적으로 노트 정리를 해 볼까요? 가장 먼저 제목을 써야 합니다.

3학년 1학기 과학 교과서를 보면 4개의 대단원이 있고, 각각의 단원에 2~3개의 제재가 속해 있어요. 대단원 제목과 제재 제목은 다음과 같이 적어 봅니다.

❶ 대단원 제목 쓰기

대단원 번호는 로마자(Ⅰ, Ⅱ, Ⅲ, …)로 표시할 수 있어요.

제목은 큼직하게 쓰고, 사인펜이나 형광펜 등으로 뚜렷하게 꾸며 주세요.

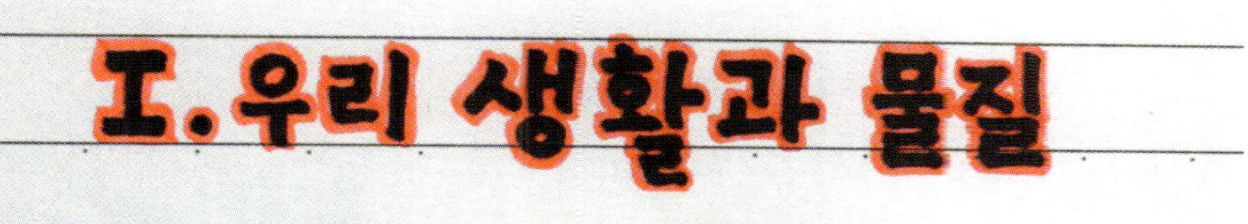

개성을 살려 다르게 쓸 수도 있어요. 그런데 자그맣게 쓰면 너두 답답해 보여요.

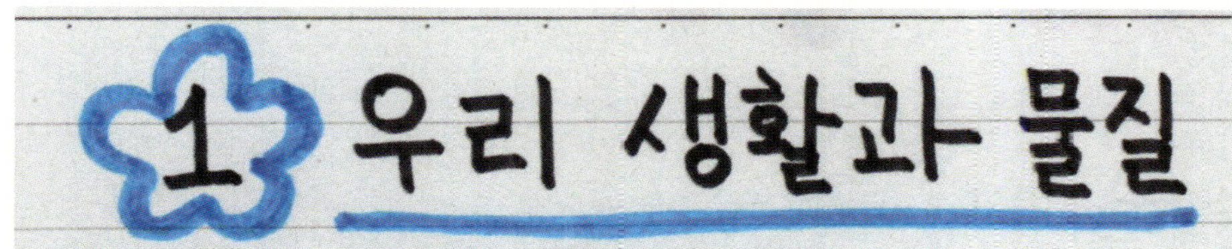

〈다른 예〉

〈좋지 않은 예〉

❷ 제재 제목 쓰기

제재 제목은 항상 1.5cm 정도 띄어 씁니다. 그래야 답답하지 않고 깔끔해요.

제재 번호(①, ②, ③, …)와 제목은 공책 두 칸에 큼직하게 씁니다.

대단원과 구별해야 하기 때문에 다른 색깔로 꾸미지는 말아요.

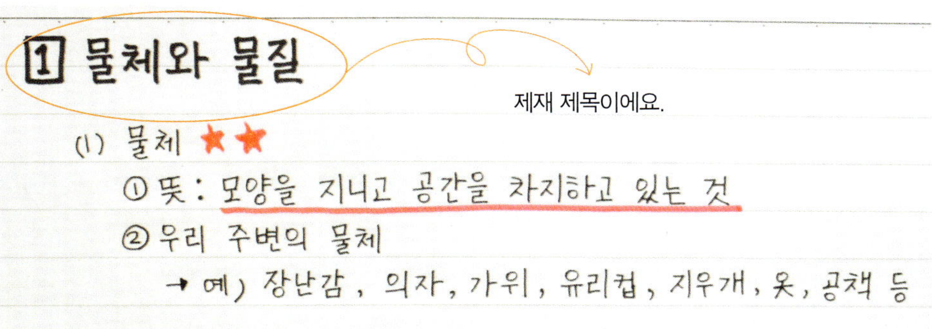

자그맣게 쓰거나 본문 내용과 구분을 두지 않고 쓰면 구분하기 어렵고 답답해요.

다음의 필기법은 바람직하지 않답니다.

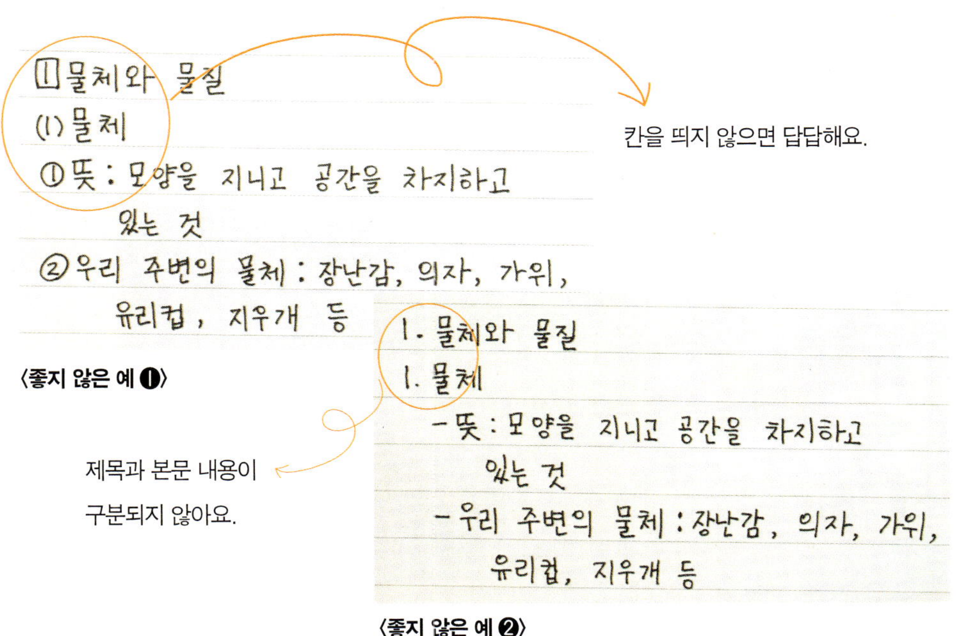

2 단원 핵심 내용 쓰기

제목을 썼으면 교과서 내용을 정리해야 해요. 그런데 과학 노트 필기를 하는 가장 중요한 이유는 내용을 정확하고 빠르게 암기하기 위해서예요. 이를 위해 교과서의 본문 내용을 쓰기 전에 해당 단원에서 학습하게 되는 핵심 내용을 먼저 정리합니다.

단원 핵심 내용은 각 단원의 마지막 페이지에 마무리로 잘 정리되어 있어요. 단원에서 무엇을 배우는지 결과를 먼저 알면 세부 내용을 외우기 쉽답니다.

〈교과서 마무리〉

〈단원 핵심 내용 필기〉

단원 핵심 내용을 정리해요.

3 교과서 내용 정리하기

제목을 썼으면 교과서 내용을 정리해야 해요. 교과서를 펼쳐 보면 본문이 있고, 탐구 활동이 있을 거예요. 내용에 따라 세부 내용을 순서대로 번호를 붙여 정리하거나 표로 정리합니다.

❶ 번호를 붙여 정리하기

주요 개념과 그에 관한 설명은 번호를 붙여 차례대로 정리합니다.
또 탐구 순서와 방법에 관한 내용도 번호를 붙여 정리하는 것이 좋습니다.

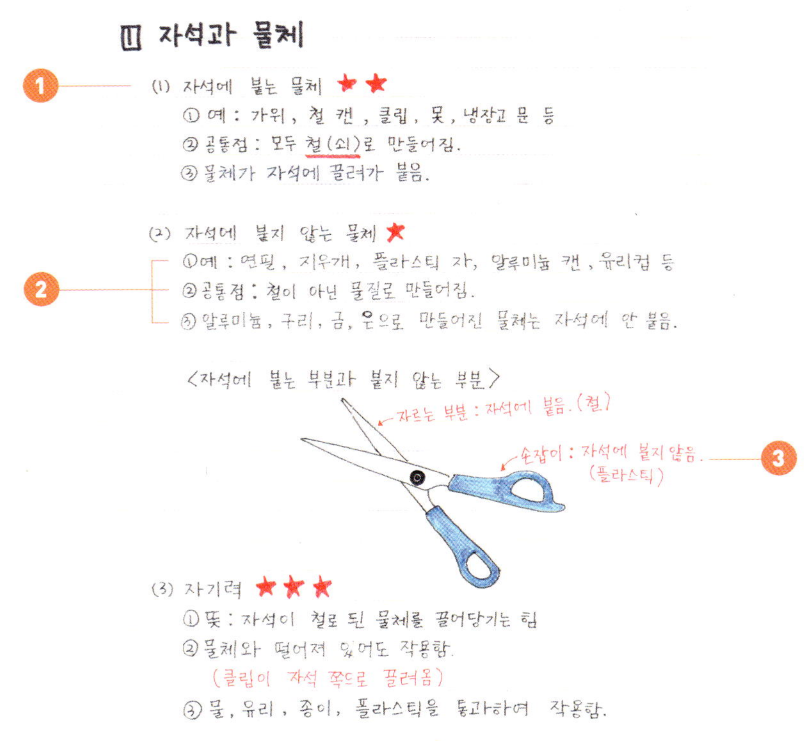

❶ 2.5cm 정도 띄어서 주요 개념이나 탐구 주제를 찾아 제목으로 써요.

❷ 3cm 정도 띄어 순서대로 번호(①, ②, ③, ④, …)를 붙여 설명이나 방법을 간단히 써요.

❸ 보충 설명을 덧붙여야 하면 색깔 사인펜으로 여백에 써요.

❷ 표로 정리하기

탐구 활동 중에는 비교 또는 대조하는 내용이 많아요. 두 가지 이상의 사물이나 현상을 탐구해서 그 결과를 서로 비교해 보는 것이지요.

이럴 경우 번호보다 표로 정리하는 것이 보기 좋습니다.

<올챙이와 개구리 비교> ★

구분	올챙이	개구리
겉모양	다리가 없고, 꼬리가 있음.	다리 4개, 꼬리 없음.
사는 곳	물속	물과 땅 위
먹이	플랑크톤, 죽은 동물 시체	움직이는 작은 벌레
운동	꼬리를 이용하여 헤엄침.	뒷다리를 이용하여 뛰거나 헤엄침.
호흡	아가미	허파, 피부
기타	소리를 내지 못함.	수컷은 소리를 냄.

❶ 탐구 대상은 맨 위 가로줄에 씁니다.

❷ 비교 기준은 맨 왼쪽 세로 열에 씁니다.

❸ 비교 내용을 간단하게 정리합니다.

4 중요한 것 표시하기

수업 시간에 선생님이 강조한 내용이 있지요? 그게 바로 시험에 꼭 나오는 문제랍니다! 노트 필기를 할 때 바로 그 내용에 중요 표시를 해야 해요. 중요한 부분을 표시할 때는 색깔 사인펜이나 색연필, 형광펜을 씁니다.

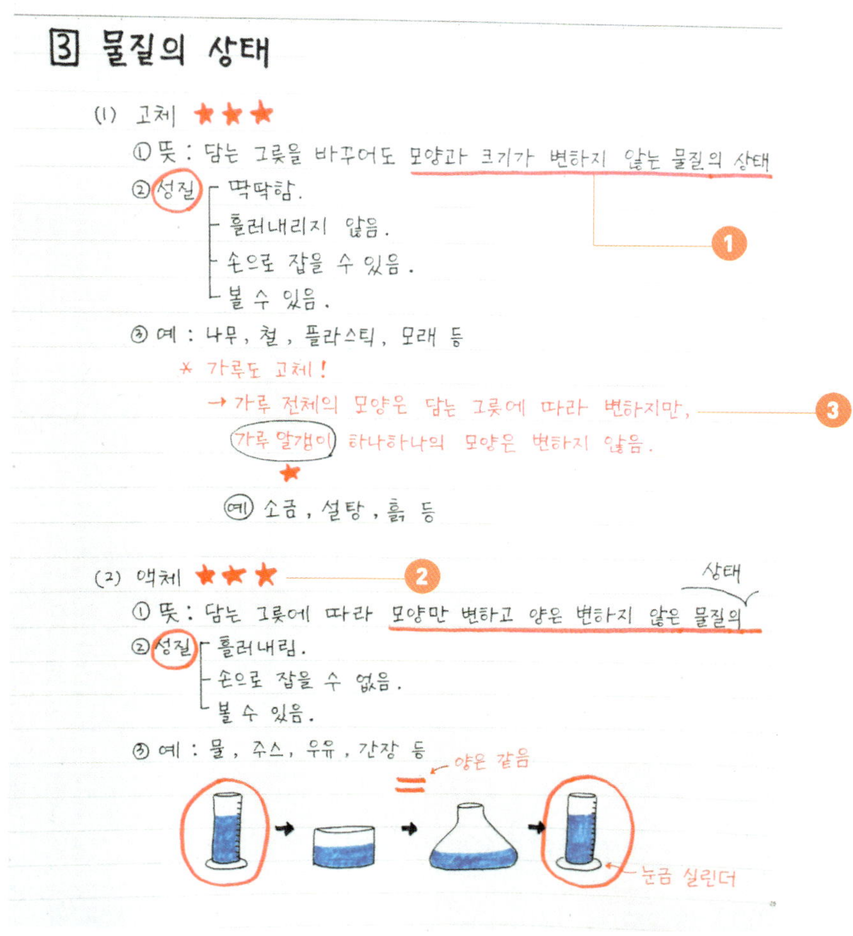

❶ 뜻풀이나 중요한 어휘에 밑줄을 그어 두면 암기할 때 효과적이에요.

❷ 중요도에 따라 별표를 1~3개까지 해 보아요.

❸ 결과, 원인, 독특한 성질은 서술형 문제로도 잘 나오는 매우 중요한 내용이에요.

5 탐구 결과 그리기

탐구 결과나 관찰 물체, 주요 개념은 간단한 설명과 함께 그림으로 그리면 더욱 이해하기 쉬워요. 그냥 글로만 읽을 때보다 암기도 더 잘 돼죠. 그렇다고 똑같이 그릴 필요는 없어요. 무엇을 나타내려고 하는지 핵심적이고 특징적인 부분만 정확하게 그려 봅니다.

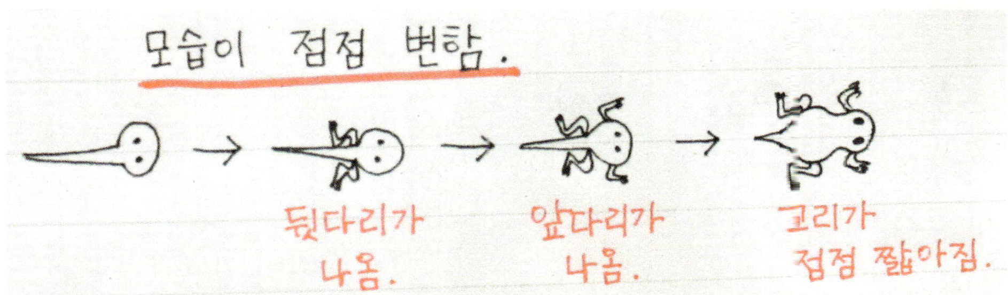

〈올챙이의 성장 과정〉

두 가지 이상의 대상이나 현상을 탐구하는 경우라면 그림도 두 개를 나란히 그리는 것이 좋습니다. 이때 크기와 색깔 사용에 주의하여 일관성을 유지합니다.

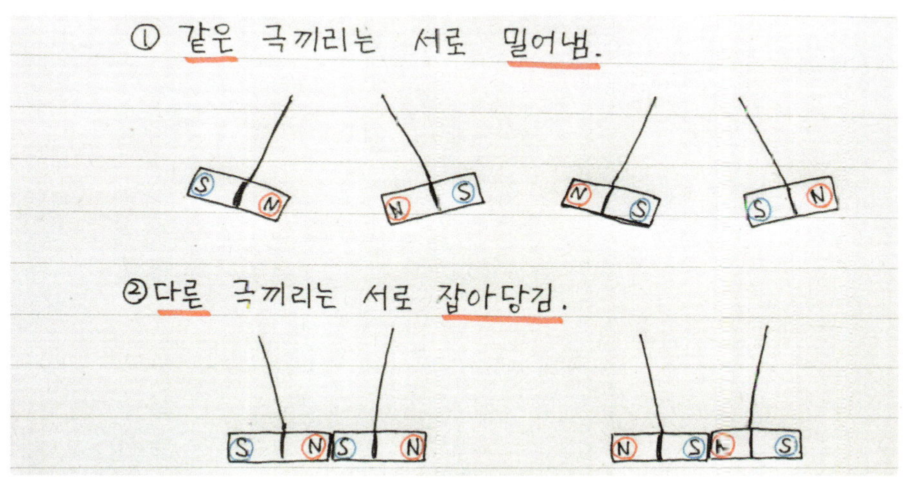

〈자석의 극의 성질 비교〉

과학 노트 필기를 할 때 무엇보다도 중요한 것은 교과서에 나와 있는 문제들을 꼼꼼히 정리하는 거예요. 문제집이나 전과에 나온 문제만 풀다가 정작 교과서 문제를 놓치면 절대 시험을 잘 볼 수 없답니다. 게다가 과학 교과서에 나온 문제들은 대부분 응용문제가 많아요. 그래서 정확하게 답을 알아내어 노트에 정리해 둡니다.

〈교과서 마무리 문제〉

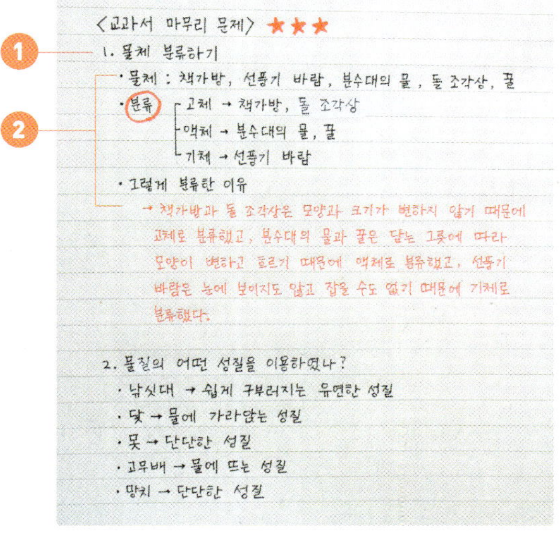

〈단원 마무리 문제 필기〉

❶ 문제의 핵심만 간단히 써요.

❷ 답을 차례대로 정확하게 써요.

7 오답 노트 정리하기

    문제집을 풀거나 시험을 본 후 채점을 하고 나면 틀린 문제가 있을 거예요. 시험이 끝났다고 그냥 넘겨 버리거나 한 번 쓱 보고 지나가 버리면 다음에 이 문제가 나왔을 때 또 틀릴 확률이 매우 높아요. 이를 해결할 수 있는 방법은 오답 노트를 정리해 보는 것입니다. 틀린 문제를 모두 정리하면 제일 좋겠지만, 그 중에서도 헷갈리거나 여러 가지 지식을 활용해서 풀어야 하는 문제는 꼭 정리해 봅니다.

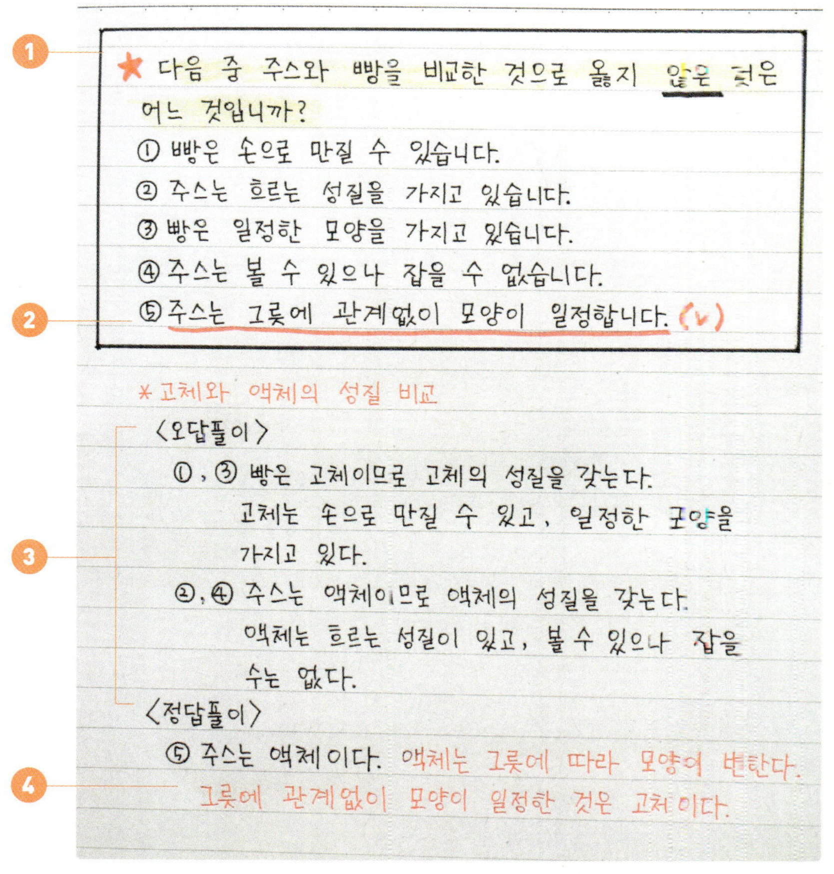

❶ 틀린 문제를 오려 붙이거나 노트에 똑같이 옮겨 적습니다.

❷ 빨간색 사인펜으로 답을 선명하게 적거나 표시합니다.

❸ 나머지가 왜 답이 아닌지 풀이하는 글을 보기별로 적습니다.

❹ 실수할 수 있는 부분을 중요하게 표시해 봅니다.

2장

과학 만점을 위한 단 하나의 공부법

과학 교과서와 과학 노트만으로 100점을 맞을 수 있는 비결이 있다면 당장 그 방법에 따라 공부를 해 보세요. 이 장에서 바로 그 방법을 알려 줄 거예요. 과학은 용어의 뜻을 암기하는 것도 중요하지만 원리와 원인, 그리고 결과를 아는 것도 매우 중요하답니다. 노트 필기에 이 내용들을 다 정리했다면 그걸 활용하여 암기도 하고 이해도 해 보세요.

1 과학 교과서는 이렇게 읽어요!

과학 교과서를 읽을 때는 머릿속에 질문을 가지고 읽어야 해요. 그냥 나와 있는 내용을 순서대로 읽어 내려가는 방법은 핵심 내용을 파악하는 데 적합하지 않아요. 다음의 방법으로 과학 교과서를 읽는다면 전보다 더 빠르고 정확하게 중요한 내용을 찾아 읽을 수 있을 거예요.

나무는 담는 그릇을 바꾸어도 모양이나 크기가 변하지 않습니다.
이처럼 담는 그릇이 바뀌어도 모양과 크기가 변하지 않는 물질의 상태를 고체라고 합니다. 나무, 철, 플라스틱, 모래 등은 고체입니다.

〈교과서 밑줄 긋기〉

 ## 교과서 읽는 법

1. 제목, 핵심 용어, 탐구 질문을 확인해요.

2. 핵심 용어의 개념과 관련 설명을 찾아 밑줄을 그으면서 읽어요.

3. 탐구 질문의 답을 찾아 밑줄을 그으면서 읽어요.

4. 탐구 활동의 주제, 방법, 순서, 결과를 찾아 읽어요.

5. 우리 생활과 관련된 내용이나 응용된 내용을 찾아 확인해 보아요.

2 꼭 암기해야 하는 것이 있어요!

과학도 암기할 내용이 많아요. 그런데 사회처럼 시시콜콜한 내용까지 암기할 필요는 없어요. 과학은 개념을 파악하고 원리를 이해하면 암기가 쉬워지니까요. 과학 노트를 활용하면 이 모든 것이 매우 수월해지지요.

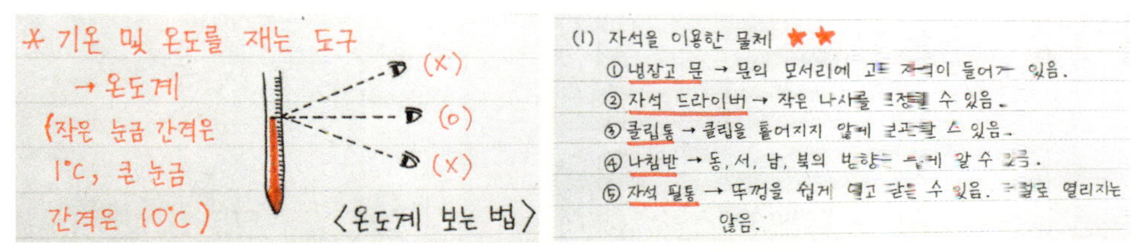

〈실험 기구의 쓰임〉

〈생활 관련 내용〉

 **꼭 암기해야 하는 것!**

1. 중심 용어와 개념은 꼭 암기해야 해요.

2. 탐구 방법과 과정은 순서대로 암기해야 해요.

3. 탐구에 어떤 준비물이 필요한지 암기해야 해요. 실험 기구의 이름과 쓰임도 암기해야 합니다.

4. 탐구 결과와 원인, 주의할 점은 꼭 암기해야 해요.

5. 생활과 관련된 내용, 응용된 내용은 암기해야 해요.

3 교과서 사진을 보며 기억을 되살려요!

과학은 자연과 그 현상을 탐구하는 공부이기 때문에 실제로 보이는 것들을 자세히 관찰하는 게 중요해요. 그러면 더 잘 이해할 수 있고, 암기도 잘 되지요.

따라서 과학 공부를 할 때도 내용을 한 번 다 외웠다면 이번엔 그림이나 사진만 보면서 그 내용을 유추해 보아요. 그럼 시험을 볼 때 절대 틀릴 일이 없답니다.

그런데 그냥 보는 것이 아니라, 그것이 어떤 내용을 담고 있는지 말로 설명할 수 있어야 해요. 예를 들어 자석을 보면서 자석의 극의 위치, 자기력의 모양, 자석의 성질에 대해 떠올려야지요.

나. 수조 바닥에 화장지를 깔고 물을 조금 뿌린다.

〈탐구 과정 사진〉

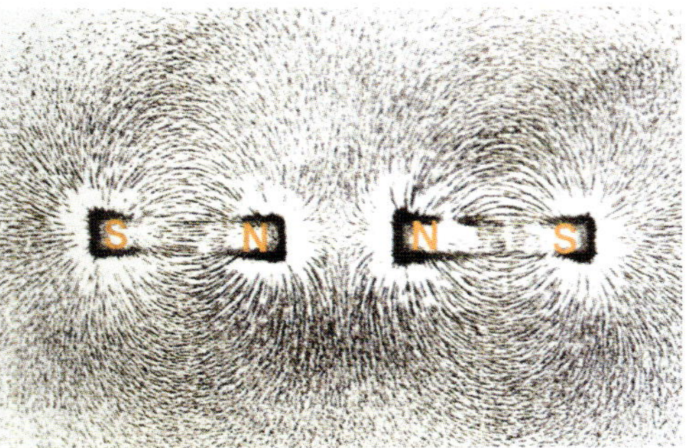

〈탐구 결과 사진〉

꼭 다시 보아야 하는 사진

① 중심 용어나 물체와 관련된 사진은 다시 보아요.

② 탐구 방법과 실험 기구를 다루는 사진은 다시 보아요.

③ 탐구 결과를 보여 주는 사진은 다시 보아요.

4 시험 전날은 이렇게 해요!

시험 전날은 어떻게 공부해야 할까요? 문제집을 좀 더 많이 들까요, 아니면 노트 필기된 내용을 다시 한 번 들여다 볼까요? 정답은 '교과서 다시 보기'입니다. 교과서 다시 보기를 통해 암기한 내용을 떠올려 보고 교과서에 나온 문제들을 꼼꼼하게 풀어봅니다. 그리고 마지막으로 노트를 보면서 서술형·논술형 대비 내용을 확인합니다.

 **시험 전날 공부법**

1. 시험 범위에 해당하는 교과서 내용을 천천히 읽어요.

2. 교과서에 나온 문제들을 다시 풀어요. 연습장에 직접 답을 적어 보아요.

3. 교과서에 나온 사진, 그림 등을 확인해요. 무엇에 관한 것인지 정확하게 설명할 수 있어야 해요.

4. 문제집이 있으면 1시간 정도 시간을 정해 문제도 풀어 보아요.

5. 틀린 문제를 확인하고, 그 이유를 정확히 알아야 해요.

5 시험지 복습으로 확실히 마무리해요!

　시험이 끝났다고 모두 끝난 걸까요? 천만에요! 시험은 끝났지만 공부는 끝나지 않았답니다. 보통 단원평가의 문제들이 약간 응용되거나 하여 중간고사나 기말고사에도 나오기 때문에 시험지를 꼼꼼히 분석하고 파악하여 중요한 시험을 대비할 수 있어야 합니다.

　시험지 복습은 많은 어린이들이 귀찮아하여 하지 않아요. 남들이 안 하는 것을 해야 공부도 잘할 수 있답니다! 이 점 절대 잊지 말고 조금 귀찮더라도 무슨 시험이든지 보고 나면 반드시 시험 본 내용을 복습합니다.

 ## 시험지 복습 방법

1. 시험지, 교과서, 노트를 모두 준비해요.

2. 시험지의 틀린 문제, 맞았지만 약간 헷갈리는 문제와 관련된 내용을 교과서와 노트에서 찾아 보아요.

3. 교과서와 노트를 통해 정확히 무엇 때문에 틀렸는지 확인해요.

4. 틀린 이유에 대해 생각해 보아요.

5. 정답을 다시 한 번 확인하고 오답 노트에 정리해 보아요.

3학년 1학기 과학 교과서 완전정복 만점 노트 필기

앞에서 과학 노트를 필기하는 법과 과학 공부를 하는 법을 알아보았어요. 그런데 막상 노트 필기를 하려면 막막해지지요. 이런 어려움과 답답함을 덜어 주기 위해 이 장에 3학년 1학기 과학 교과서를 완전 분소한 노트 길기를 실었습니다. 물체와 물질, 동물의 한살이, 자석, 날씨에 관한 내용이에요. 먼저 교과서를 읽은 후 여기 실린 노트 필기를 보면서 직접 자기 공책에 옮겨 적어 보세요. 그러다 보면 필기 실력도 늘어나고 과학 공부도 저절로 될 거예요.

과학은
호기심 천국!

과학 공부의 출발점은 '왜'라는 물음을 갖는 거예요.

무슨 말이냐고요? 우리를 둘러싼 자연 세계의 여러 가지 현상을 관찰하고 의문 나는 점을 떠올려 원인과 원리를 밝히는 것이 과학 공부의 핵심이지요. 그래서 정말 과학 공부를 잘하는 친구들을 보면 평소에도 어찌나 호기심이 많은지 몰라요. 그 호기심을 해결하려는 노력이 바로 탐구 활동이지요.

그렇다면 3학년 1학기 때는 무엇에 대한 호기심을 갖고 있어야 할까요?

3학년 1학기 때는 우리 주변을 둘러싼 환경과 사물 중에서 물체와 물질, 동물, 자석, 날씨 등에 관해 배우게 됩니다.

그러니 평소 우리 주변에 어떤 물체가 있고, 그것이 무엇으로 만들어졌는지 호기심을 가져야 해요. 그리고 동물은 어떻게 해서 태어나고 자라고 죽는지 그 과정에 대해서도 궁금증을 갖고 조사해 보아야지요. 자석을 가지고서는 어떤 성질이 있는지 직접 실험해 보세요. 자석에 붙는 물체들을 한번 찾아보는 거예요. 마지막 으로 신문을 꼼꼼히 보면서 날씨 변화가 어떤지, 기온이나 바람의 세기 등은 어느 정도인지 탐구해 보세요.

이런 호기심을 가지고 과학 공부를 한다면 매우 적극적으로 과학 공부를 할 수 있을 거예요.

2. 우리 생활과 물질

p.54 ★ 핵심 내용

⊙ 물질은 물체를 만드는 재료이다.

⊙ 물질이 지니는 성질에 따라 다양한 물체를 만든다.

⊙ 고체는 담는 그릇이 달라져도 모양과 크기가 변하지 않는다.

⊙ 액체는 담는 그릇이 달라지면 모양은 변하지만,
　양은 변하지 않는다.

⊙ 기체는 담는 그릇이 달라지면 모양이 변하고,
　담는 그릇을 항상 가득 채운다.

★ 단원 구성

물체와 물질	‥	다양하게 쓰이는 물질	‥	물질의 상태

- 물체
- 물질

- 물질의 성질
- 물질의 쓰임새

- 고체
- 액체
- 기체

① 물체와 물질

p.22
(1) 물체 ★★
　　① 뜻 : 모양을 지니고 공간을 차지하고 있는 것
　　② 우리 주변의 물체
　　　→ 예) 장난감, 의자, 가위, 유리컵, 지우개, 옷, 공책 등

p.23
(2) 물체를 이루고 있는 재료
　　① 나무 블록 → 나무
　　② 축구공 → 고무
　　③ 의자 → 나무
　　④ 유리컵 → 유리
　　→ 물질″

p.24
(3) 물질 ★★
　　① 뜻 : 물체를 만드는 재료
　　② 여러 가지 물질
　　　→ 예) 유리, 플라스틱, 고무, 철 등

p.24 ~25
(4) 물체와 물질

물체		물질
① 옷	→	옷감 (천)
② 신발	→	헝겊, 가죽, 고무
③ 안경	→	유리, 플라스틱
④ 공책	→	종이

〈물질 알아맞히기〉 ★★★

⊙ 자전거를 탄 아이

- 아이
  - 옷 : 옷감
  - 헬멧 : 플라스틱
  - 운동화 : 고무, 가죽, 헝겊

- 자전거
  - 몸체 : 금속
  - 안장(의자) : 가죽, 스펀지
  - 바구니 : 플라스틱
  - 바퀴 : 고무
  - 손잡이 : 플라스틱

(5) 물체 분류하기 ★★

① 색깔, 크기, 모양, 재료 등에 따라 분류

② 색깔에 따른 분류

→ 노란색 물체, 빨간색 물체, 흰색 물체, 파란색 물체 등

③ 모양에 따른 분류

→ 네모난 모양 (공책, 책상, 칠판), 동그란 모양 (공, 구슬),

긴 막대 모양 (연필, 크레파스, 볼펜, 긴 자) 등

④ 크기에 따른 분류

→ (기준보다) 크기가 큰 것, 크기가 작은 것 등

⑤ 쓰임새에 따른 분류

→ 공부를 하는 데 쓰는 물체 (학용품), 청소를 하는 데 쓰는 물체 등

⑥ 재료에 따른 분류

→ 나무로 된 물체, 고무로 된 물체, 철로 만든 물체 등

(의자, 책상, ‥) (풍선, 지우개, ‥) (송곳, 칼, 못, ‥)

p.27

〈한 가지 물질로 만들어진 물체〉 ★★
- 나무 : 나무 의자, 책꽂이, 나무 젓가락, 나무 블록 등
- 종이 : 공책, 책, 포스터, 전단지 등
- 플라스틱 : 자, 플라스틱 그릇, 플라스틱 장난감 등
- 고무 : 풍선, 고무장갑, 지우개 등

〈두 가지 이상의 물질로 만들어진 물체〉 ★★
- 자전거 : 금속, 고무, 플라스틱, 가죽 등
- 가위 : 금속, 플라스틱
- 볼펜 : 금속, 플라스틱, 잉크
- 연필 : 흑연, 나무, 금속, 고무
- 시계 : 금속, 플라스틱, 유리

p.28 ~29

〈자동차를 이루는 물질〉 ★★
- 옛날 : 증기 자동차 → 강철 (무겁고 느림)
- 오늘날 → 가벼운 물질 사용 (빠름)
  - 타이어 : 고무 → 충격 흡수, 오래 견딤.
  - 창 : 특수유리 → 잘 깨지지 않음.
  - 핸들 : 플라스틱 → 가볍고 강함.
  - 엔진 : 알루미늄과 마그네슘 합성 → 가볍고 단단함.
  - 의자 : 헝겊 → 부드럽고 승차감이 있음.

서술형 완전정복

「1-1. 물체와 물질」

시험 보기 전에 아래 문장들을 꼼꼼히 외워 봅니다.
외울 때 입으로도 외우고, 직접 글로도 써 보세요.

1. 모양을 지니고 공간을 차지하고 있는 것을 물체라 하고, 이것을 만드는 재료를 물질이라고 한다.

2. 가위, 못, 주전자를 공통적으로 이루는 물질은 금속이다.

3. 시계를 이루는 물질은 플라스틱, 금속, 유리 등이다.

4. 물체는 색깔, 크기, 쓰임새(용도), 모양, 재료 등으로 분류할 수 있다.

5. 한 가지 물질로만 이루어진 물체에는 유리컵, 공책, 못 등이 있다.

6. 두 가지 이상의 물질로 만들어진 물체에는 자전거, 안경, 시계 등이 있다.

7. 우리 주변에서 플라스틱으로 만들어진 물체에는 그릇, 헬멧, 안경 등이 있다.

8. 자전거의 몸체는 금속으로 되어 있고, 바퀴는 고무로 만들어져 있다.

9. 자전거의 안장 부분을 가죽으로 만든 이유는 앉는 부분이 부드럽고 편안하며, 겨울에 차갑게 느끼지 않도록 하기 위해서이다.

10. 자동차는 고무, 유리, 헝겊, 플라스틱, 여러 가지 금속으로 이루어져 있다.

2. 다양하게 쓰이는 물질

p.32 (1) 물질의 성질 ★ ★

   ① 물질은 저마다 독특한 성질이 있음.

   ② 색깔, 촉감, 긁히는 정도, 물에 뜨는 정도, 구부러지는 정도 등

      → 물질의 성질은 각기 다름.

- 플라스틱 : 부드럽고 가벼우며 쉽게 부서지지 않음.
- 구리 : 잘 구부러짐.
- 철 : 단단하고 잘 긁히지 않음.
- 고무 : 유연하고 잘 부서지지 않음.
- 스티로폼 : 매우 가벼우며 잘 부서지나 깨지지 않음.
- 나무 : 부드럽고 차갑지 않음, 약간만 단단하여 다치지 않음.

p.33 (2) 물질의 성질 비교 ★ ★ ★

   ① 긁히는 정도 : 스티로폼 수수깡 > 고무 지우개 > 나무젓가락 >
      플라스틱 숟가락 > 철 못

     긁히는 정도가 큼. (잘 긁힘)   → 긁히는 정도가 작음.

   ② 구부러지는 정도 : 고무 지우개 > 스티로폼 수수깡 > 플라스틱 숟가락 >
      나무젓가락 > 철 못

     가장 잘 구부러짐.   → 구부러지지 않음.

   ④ 물에 뜨는 정도
- 뜨는 물질 : 플라스틱 숟가락, 스티로폼 수수깡, 나무젓가락
- 가라앉는 물질 : 철 못, 고무 지우개

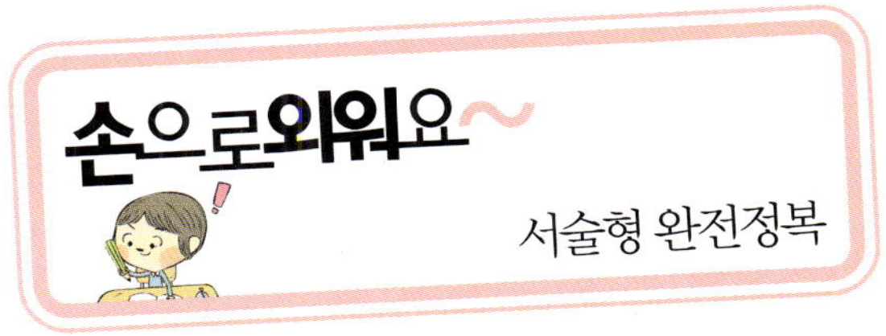

서술형 완전정복

「1-2. 다양하게 쓰이는 물질」

시험 보기 전에 아래 문장들을 꼼꼼히 외워 봅니다.
외울 때 입으로도 외우고, 직접 글로도 써 보세요.

1. 물질마다 가지고 있는 고유의 색깔, 촉감, 맛, 굳기, 구부러지는 정도, 물에 뜨는 정도 등을 물질의 성질이라고 한다.

2. 고무는 유연하며 잘 부서지지 않는 성질이 있어서 고무장갑, 자동차 바퀴, 고무공 등을 만드는 데 사용된다.

3. 플라스틱은 부드럽고 가벼우며 쉽게 부서지지 않는 성질이 있어서 필통, 쓰레기통, 컴퓨터 등을 만드는 데 사용된다.

4. 컵을 종이로 만들면 싸고 가볍고 손쉽게 사용할 수 있어서 좋다.

5. 가위의 손잡이를 플라스틱으로 만든 이유는 가볍고 부드럽고 튼튼하게 만들기 위해서이다.

6. 의자를 나무로 만들면 아름답고 튼튼하며 차갑지 않아서 좋다. 그러나 불에 쉽게 타 버린다.

7. 연필 자루가 나무로 되어 있으면 깎아서 쓰기 쉽고 촉감이 부드럽다.

8. 잘 긁히는 물체 순서대로 나열하면, '스티로폼〉수수깡〉지우개〉나무젓가락〉철 못' 순서이다.

9. 탄소만으로 이루어진 아주 작은 물질을 '탄소 나노 물질'이라고 한다.

10. 탄소 나노 튜브는 알루미늄보다 훨씬 가볍고 강철보다 더 단단하고 열과 전기가 잘 통하는 성질이 있다.

③ 물질의 상태

p.42 ~43

(1) 고체 ★★★

① 뜻 : 담는 그릇을 바꾸어도 <u>모양과 크기가 변하지 않는 물질의 상태</u>

② 성질 ┬ 딱딱함.

┠ 흘러내리지 않음.

┠ 손으로 잡을 수 있음.

┗ 볼 수 있음.

③ 예 : 나무, 철, 플라스틱, 모래 등

＊ 가루도 고체！

→ 가루 전체의 모양은 담는 그릇에 따라 변하지만,

가루 알갱이 하나하나의 모양은 변하지 않음.

★

예 소금, 설탕, 흙 등

p.44 ~45

(2) 액체 ★★★

상태

① 뜻 : 담는 그릇에 따라 <u>모양만 변하고 양은 변하지 않는 물질의</u> 상태

② 성질 ┬ 흘러내림.

┠ 손으로 잡을 수 없음.

┗ 볼 수 있음.

③ 예 : 물, 주스, 우유, 간장 등

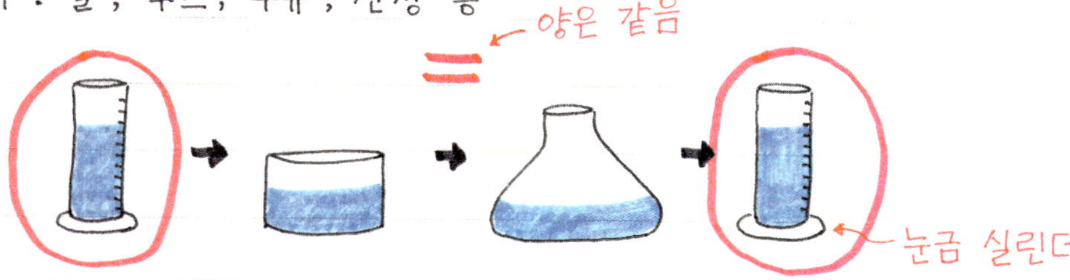

서술형 완전정복

「1-3. 물질의 상태」

시험 보기 전에 아래 문장들을 꼼꼼히 외워 봅니다.
외울 때 입으로도 외우고, 직접 글로도 써 보세요.

1. 물질의 세 가지 상태는 고체, 액체, 기체이다.

2. 고체는 손으로 잡을 수 있고 모양과 양이 변하지 않는다.

3. 가루 물질은 전체 모양이 그릇에 따라 변한다고 해도 알갱이 하나하나의 모양이 변하지 않으므로 고체이다.

4. 액체는 손으로 잡을 수 없고, 그릇에 따라 모양은 변하나 양은 변하지 않는다.

5. 깃발이 바람에 휘날리는 것, 풍선에 공기를 불어 넣으면 부풀어 오르는 것, 바람개비가 도는 것 등으로 주위에 공기가 있다는 걸 알 수 있다.

6. 기체는 담는 그릇에 따라 모양과 양이 변하는데, 그 그릇을 항상 고르게 가득 채운다.

7. 공기는 손으로 만질 수 없고 일정한 모양을 가지고 있지 않고 매우 가볍다.

8. 공기와 물의 공통점은, 담는 그릇이 달라지면 모양이 달라진다는 것이다.

9. 아트 풍선 만들기를 통해 풍선 모양에 따라 기체의 모양도 달라진다는 것을 알 수 있다.

10. 공기에 비해 가벼워서 애드벌룬이나 하늘로 날리는 풍선의 가스로 사용되는 기체는 헬륨이다.

Ⅱ. 자석의 성질

p.88 ★ 핵심 내용

⊙ 자석이 철로 된 물체를 끌어당기는 힘을 '자기력'이라고 한다.

⊙ 자석에 클립이 가장 많이 붙는 부분을 자석의 극이라고 한다.

⊙ 자석의 극에는 북쪽을 가리키는 N극과 남쪽을 가리키는 S극이 있다.

⊙ 자석은 같은 극끼리는 서로 미는 힘이 작용하고, 다른 극끼리는 서로 잡아당기는 힘이 작용한다.

⊙ 자석은 학용품, 생활용품, 장난감 등 다양하게 이용된다.

★ 단원 구성

자석과 물체	자석과 자석	자석과 생활
• 자기력 • 자석의 극	• N극과 S극 • 나침반 • 미는 힘 • 당기는 힘	• 학용품 • 생활용품 • 장난감 • 정보 저장

Ⅲ 자석과 물체

(1) 자석에 붙는 물체 ★★

　① 예 : 가위, 철 캔, 클립, 못, 냉장고 문 등

　② 공통점 : 모두 철(쇠)로 만들어짐.

　③ 물체가 자석에 끌려가 붙음.

(2) 자석에 붙지 않는 물체 ★

　① 예 : 연필, 지우개, 플라스틱 자, 알루미늄 캔, 유리컵 등

　② 공통점 : 철이 아닌 물질로 만들어짐.

　③ 알루미늄, 구리, 금, 은으로 만들어진 물체는 자석에 안 붙음.

〈자석에 붙는 부분과 붙지 않는 부분〉

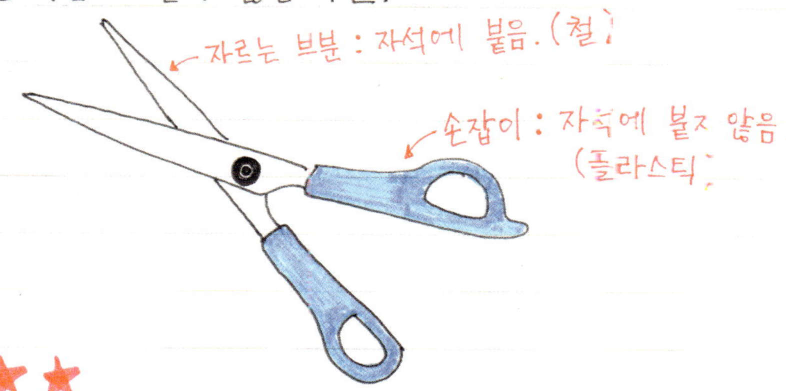

(3) 자기력 ★★★

　① 뜻 : 자석이 철로 된 물체를 끌어당기는 힘

　② 물체와 떨어져 있어도 작용함.

　　(클립이 자석 쪽으로 끌려옴)

　③ 물, 유리, 종이, 플라스틱을 통과하여 작용함.

(4) 자석의 극 ★★★

① 자석에서 물체를 <u>끌어당기는 힘이 가장 센 부분</u>.

② 클립이 가장 많이 붙음.

③ 보통 자석의 양쪽 끝부분.

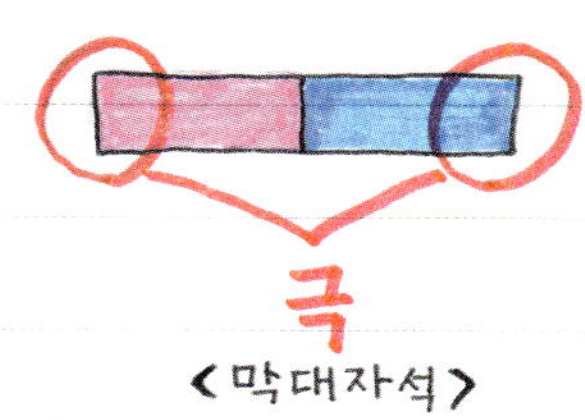

〈자석의 힘의 세기 비교〉

〈천연 자석과 인공 자석〉

· 천연 자석 : 자철석 (힘이 세지 않음)

· 인공 자석 ┌ 네오디뮴 자석

 → 컴퓨터, 장난감, 휴대전화 등에 이용

├ 고무 자석 : 고무액에 자석 가루를 섞어 만든 것.

 → 마음대로 구부리거나 자를 수 있고,
  가벼움. 자기력은 약함.

└ 액체 자석 : 물이나 기름에 자석 물질을 섞어 만든 것.

 → 첨단 반도체나 우주 항공 분야에 이용

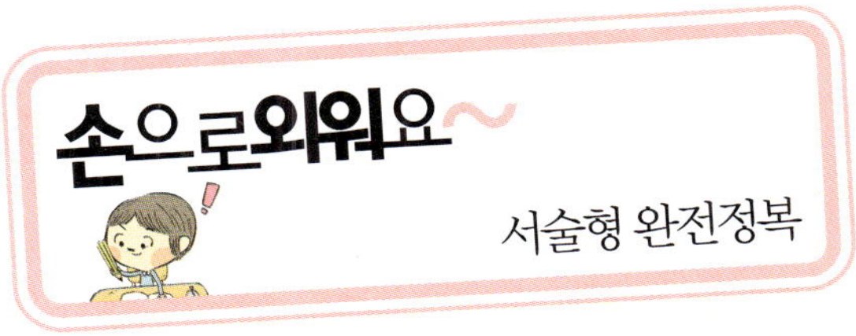

서술형 완전정복

시험 보기 전에 아래 문장들을 꼼꼼히 외워 봅니다.
외울 때 입으로도 외우고, 직접 글로도 써 보세요.

1. 쇠(철)로 만들어진 물체는 모두 자석에 붙고, 철로 만들어지지 않은 물체는 자석에 붙지 않는다.

2. 가위 날은 자석에 붙고 손잡이는 붙지 않는데, 그 이유는 날은 철로 만들어졌고 손잡이는 플라스틱으로 만들어졌기 때문이다.

3. 자석을 클립 가까이 가져가면 클립이 자석 쪽으로 끌려오는데 이것은 자기력 때문이다.

4. 자석과 클립의 거리가 가까울수록 자기력의 영향이 커진다.

5. 자석과 클립 중간에 물, 유리, 종이, 플라스틱, 알루미늄 호일 등이 있어도 자기력이 작용하여 물체를 끌어당긴다.

6. 자석과 클립 중간에 철판을 넣으면 철판과 자석이 붙어 자석이 클립을 끌어당기지 못한다. 자기력이 철판에 가로막혀 통과하지 못한다.

7. 자석에서 클립이 가장 많이 붙는 부분은 자석의 극이다.

8. 자석의 극에 클립이 가장 많이 붙는다는 것은, 자석의 극이 물체를 끌어당기는 힘이 가장 세다는 뜻이다.

9. 물에 담긴 컵에 클립을 끼운 물고기를 넣고 자석을 대면 물고기가 붙는 것을 보고 자기력이 물을 통과한다는 사실을 알 수 있다.

② 자석과 자석

p.70~71 (1) 자석의 극 탐구 ⭐

① 막대 자석 한쪽 극에 붙임 딱지 붙이기

② 다른 막대 자석을 붙임 딱지가 붙은 극에 가까이
대어 서로 밀면 같은 색 붙임 딱지를 붙이고, 서로
잡아당기면 다른 색 붙임 딱지 붙이기

  ✱ 서로 밀 때  

  ✱ 서로 잡아당길 때 

③ 막대 자석을 돌려서 반대쪽 극을 대어 보고, 위와
같은 방법으로 붙임 딱지 붙이기

④ 결과 ⭐⭐⭐

 • 한 개의 자석에는 2가지 붙임 딱지가 붙어 있음.

 • 자석의 극은 2가지 종류

p.72 (2) 자석이 가리키는 방향 탐구 ⭐

① 평평한 곳에 나침반을 놓고 나침반 바늘이 가리키는 방향
확인하기

② 일회용 접시를 물 위에 띄우고 그 위에 자석을 올린 뒤,
자석이 가리키는 방향 확인하기

③ 자석을 놓는 방법을 다르게 하여 실험 반복하기

④ 자석이 멈추었을 때 자석 방향과 나침반 방향 비교하기

 → 일치함! (양 극이 남과 북을 가리킴.)

(3) N극과 S극 ★★★

① N극 : 자석에서 북쪽을 가리키는 부분

② S극 : 자석에서 남쪽을 가리키는 부분

＊나침반 주위에 자석을 두었을 때 나침반 바늘이 아주 심하게 움직이는 까닭은?

→ 나침반 바늘도 자석이므로 서로 자기력이 작용하기 때문

(4) 극 사이에 작용하는 힘 ★★

① 같은 극끼리는 서로 밀어냄.

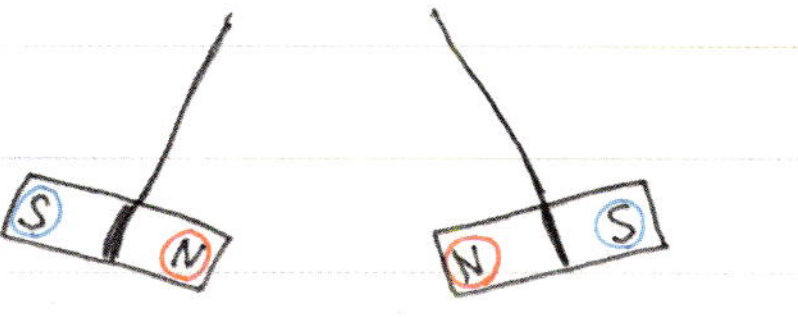

② 다른 극끼리는 서로 잡아당김.

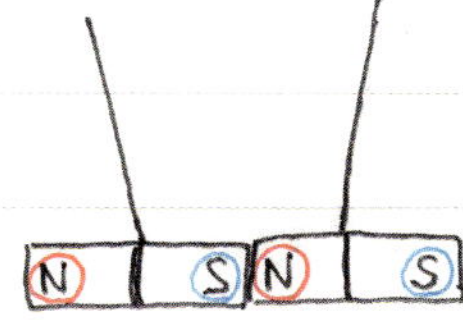

〈철가루가 늘어선 모양〉 ★ ★ ★

• 서로 다른 극끼리 마주 놓았을 때

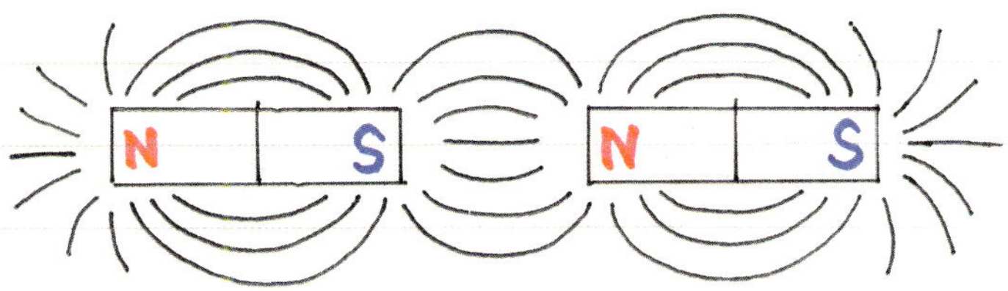

→ 극과 극 사이의 철가루가 곡선으로 연결되어 있음.

• 서로 같은 극끼리 마주 놓았을 때

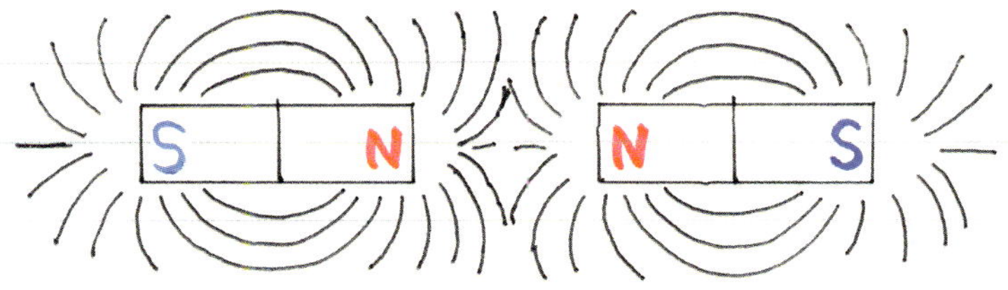

→ 극과 극 사이의 철가루가 서로 밀어내는 모양임.

p.77 (5) 자화 ★ ★

① 뜻 : 자석이 아닌 물체가 <u>자석의 성질을 가지게 되는 것</u>

② <u>철로 된 물체</u>를 자석으로 문지르면 자석의 성질을 띰.

   ✳ 자석의 S극으로 못을 문지르면? ★

     → 문지른 부분이 N극이 되고, 반대쪽 끝 부분이 S극이 됨.

③ 자화된 물체에 클립 등을 갖다 대면 붙음.

〈나침반 만드는 법〉 ★ ★

① 자석의 극으로 못의 끝 부분을 여러 번 문지르기
  (같은 방향으로 문지르기)

② 못의 양 끝이 어떤 극인지 확인하기
  (S극으로 문지르면 반대쪽 끝 부분이 S극)

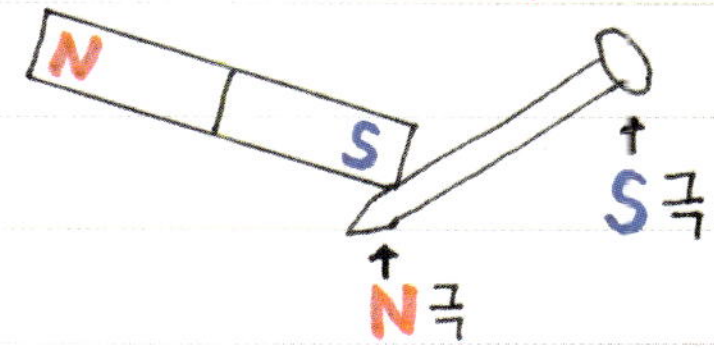

③ 일회용 접시 위에 못을 넣고 물 위에 띄우기
④ 남쪽과 북쪽 확인하기

〈자석과 나침반〉

• 지구와 나침반

  지구의 북극은 S극, 남극은 N극 ★ ★ ★
    → 나침반의 N극은 항상 북쪽을 가리킴.
  지구는 하나의 커다란 자석

• 나침반을 이용하여 방향 찾는 법

  ① 평평한 곳에 나침반 놓기
  ② 나침반을 돌려 바늘의 N극과 나침반의 북쪽(N) 맞추기

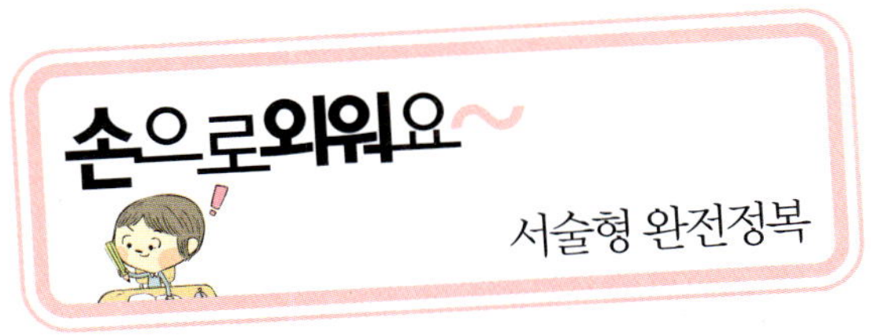

시험 보기 전에 아래 문장들을 꼼꼼히 외워 봅니다.
외울 때 입으로도 외우고, 직접 글로도 써 보세요.

1. 한 개의 자석에는 항상 2종류의 극이 있는데, 막대자석에서는 양 쪽 끝이 자석의 극이다.

2. 자석의 두 극은 N극과 S극인데, N극은 지구의 북쪽, S극은 지구의 남쪽을 가리킨다.

3. 자석 주위에 나침반을 놓으면, 나침반의 S극은 자석의 N극을 가리키고, 나침반의 N극은 자석의 S극을 가리킨다. 나침반 바늘도 자석이기 때문이다.

4. 같은 극 사이에는 서로 밀어내는 힘이 작용한다.

5. 다른 극 사이에는 서로 잡아당기는 힘이 작용한다.

6. 자석 위에 유리판을 놓고 철 가루를 뿌릴 때, 유리판을 손으로 가볍게 치면 철 가루가 골고루 흩어져 그 모양을 뚜렷하게 볼 수 있다.

7. 철로 만들어진 물체를 자석으로 문지르면 그것도 자석의 성질을 갖게 되는데 이를 자화라고 한다.

8. 자화된 물체는 클립 등 철로 된 물체를 끌어당긴다.

9. 나침반이 항상 지구의 남쪽과 북쪽을 가리키는 이유는, 지구도 하나의 커다란 자석이기 때문이다.

10. 지구의 북극은 S극이고, 남극은 N극이다.

③ 자석과 생활

p.82 (1) 자석을 이용한 물체 ⭐⭐

① <u>냉장고 문</u> → 문의 모서리에 고무 자석이 들어가 있음.

② <u>자석 드라이버</u> → 작은 나사를 고정할 수 있음.

③ <u>클립통</u> → 클립을 흩어지지 않게 보관할 수 있음.

④ <u>나침반</u> → 동, 서, 남, 북의 방향을 쉽게 알 수 있음.

⑤ <u>자석 필통</u> → 뚜껑을 쉽게 열고 닫을 수 있음. 저절로 열리지는 않음.

p.83 (2) 자석으로 기록한 정보 ⭐

① <u>카세트 테이프, 신용카드, 자기 디스크, 통장 등</u>

② 단말기에 넣으면 자석이 서로 반응하여 기록된 정보를 읽고 작동함.
- 카세트 테이프 → 카세트 플레이어
- <u>신용카드 → 카드 단말기</u>
- 자기 디스크 → 컴퓨터

✳ 신용카드의 검은 띠 (마그네틱선)

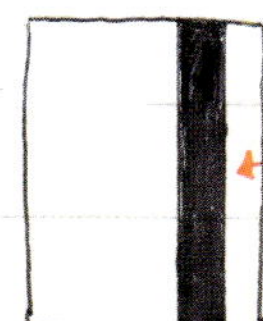
← 미세한 자석가루를 늘어놓아 정보를 저장

③ <u>자석을 가까이 대면 정보가 지워질 수 있으므로 주의</u> ⭐⭐

〈자석으로 기록한 정보의 모습 관찰〉 ★★

　①철가루를 알코올에 넣고 젓기

　②철가루가 섞여 있는 알코올을 스포이트를 이용하여
　　카드의 검은 띠에 떨어뜨리기

　③알코올이 증발하면 검은 띠에 셀로판테이프를 붙였다가
　　떼어 내어 흰 종이에 붙이기

　④모습 관찰하기

← 검은 띠 부분에 나타난
　철가루의 모양은 바코드와 비슷

(3) 자석을 이용한 장난감

　①자석의 성질 이용

　　┌ 철로 만들어진 물체를 끌어당김.
　　├ 같은 극끼리는 밀어내고, 다른 극끼리는 잡아당김.
　　└ 자석의 힘은 종이, 공기, 고무, 물 등을 통과해서도 작용

　②장난감에 이용된 자석의 성질 ★

　　• 자석 낚시놀이 → 물을 통과하여 철을 끌어당기는 성질
　　• 고리 자석 띄우기 → 같은 극끼리 밀어내는 성질
　　• 숫자 글자 공부판 → 철을 끌어당기는 성질

〈생물들의 자석 이용〉

　• 비둘기 → 몸속에 있는 자석 조직이 나침반과 같은
　　　　　　구실을 하여 방향을 찾음.

　• 박테리아 → 먹이를 찾아 북극으로 헤엄침.

<교과서 마무리 문제> ★★★

1. 자석에 붙는 부분

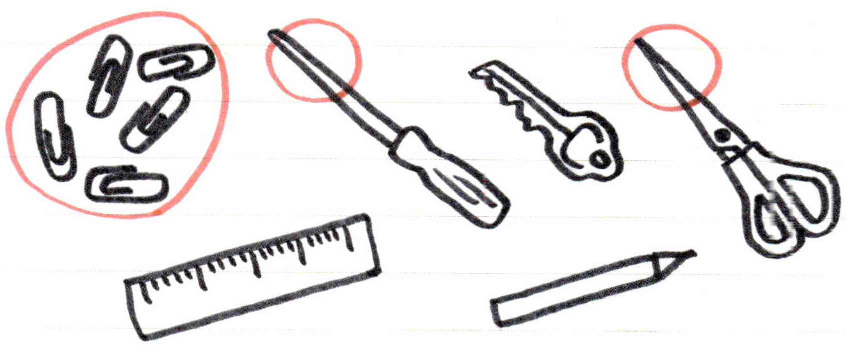

→ 클립 , 드라이버, 가위 날 (모두 <u>철</u>로 된 부분)

2. 색깔과 크기가 같은 철 막대와 막대 자석 구별하는 법

① ┌ 자석의 성질을 이용하여 구별

　　 → 자석은 철을 끌어당김

　└ (답) 한 막대의 중간 부분에 다른 막대의 끝 부분을
　　　　 대 본 후, 끝 부분에 다른 막대가 끌려오면 끝 부분을
　　　　 댄 막대가 자석이고 끌려오는 막대가 철 막대이다.

② ┌ 자석의 양극의 방향은 나침반의 방향과 같음.

　　 → N극은 북쪽, S극은 남쪽

　└ (답) 두 막대를 각각 실로 묶어 나침반의 방향과 같은
　　　　 쪽을 가리키는 것이 막대 자석이다.

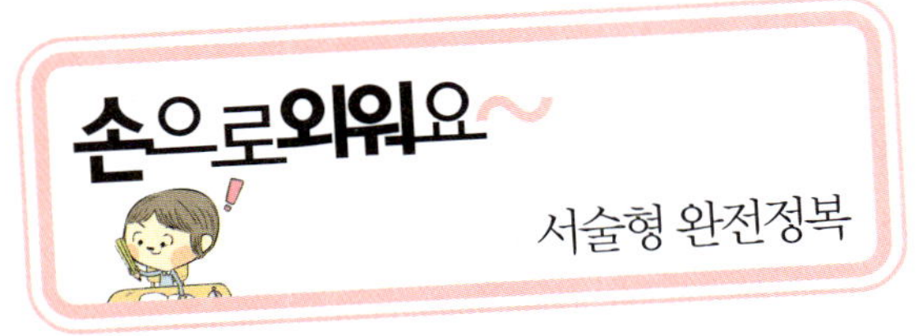

서술형 완전정복

시험 보기 전에 아래 문장들을 꼼꼼히 외워 봅니다.
외울 때 입으로도 외우고, 직접 글로도 써 보세요.

1. 자석을 이용한 물건에는 냉장고 문, 자석 필통, 자석 드라이버 등이 있다.

2. 자석 드라이버를 이용하면 작은 나사못이 드라이버 끝에 붙기 때문에 쉽게 고정시킬 수 있다.

3. 냉장고 문의 모서리에 자석이 붙어 있어서 문을 쉽게 열고 닫을 수 있다.

4. 자석을 이용하여 정보를 기록하는 것에는 신용카드, 비디오테이프, 카세트테이프, 자기디스크, 통장 등이 있다.

5. 자석으로 기록한 정보의 모습을 볼 때 마그네틱 부분에 철가루가 섞인 알코올을 뿌린다.

6. 신용카드에 철가루가 섞인 알코올을 뿌릴 때 스포이트를 사용한다.

7. 통장이나 신용카드의 검은 띠에 철가루를 뿌리면 철가루는 바코드 모양으로 늘어선다.

8. 신용카드에 자석을 가까이 대면 기록된 정보가 지워질 수 있기 때문에 주의해야 한다.

9. 철을 끌어당기는 성질, 자석의 같은 극끼리 밀어내는 성질, 자기력이 종이나 물을 통과해서 작용하는 성질 등을 이용하여 자석 장난감을 만들 수 있다.

10. 비둘기가 방향을 잘 찾는 이유는 몸속에 자석 조직이 나침반과 같은 구실을 하기 때문이다.

교과서 노트 정리

Ⅲ. 동물의 한살이

`p.122` ★ <u>핵심 내용</u>

- ⊙ 동물이 태어나서 어린 시절을 거치며 성장하여 자손을 남기고 죽을 때까지의 과정을 '동물의 한살이'라고 한다.
- ⊙ 동물 중에는 알을 낳는 동물과 새끼를 낳는 동물이 있다.
- ⊙ 동물마다 한살이 과정이 조금씩 다르다.
- ⊙ 배추흰나비는 알 → 애벌레 → 번데기 → 성충의 과정을 거치며 자라는데 이것을 '완전 탈바꿈'이라고 한다.
- ⊙ 사마귀는 알 → 애벌레 → 성충의 과정을 거치는 불완전 탈바꿈을 한다.

★ <u>단원 구성</u>

여러 가지 동물의 한살이

배추흰나비의 한살이

- 사람의 일생
- 새끼를 낳는 동물
- 알을 낳는 동물
- 개구리의 한살이
- 관찰 계획 세우기

- 사육 상자 꾸미기
- 알과 애벌레
- 번데기와 성충
- 배추흰나비

Ⅱ 여러 가지 동물의 한살이

p.94 ~95 (1) 사람의 일생 ★

    ① 태아 : 엄마 뱃속에서 10개월 정도 지냄.

    ② 신생아기 : 젖이나 우유를 먹음.

    ③ 영아기 : 기어다니거나 설 수 있음.

    ④ 유아기 : 걸을 수 있으며 음식을 씹을 수 있음.
         젖니가 빠지기 시작함.

    ⑤ 아동기 : 어른의 보호를 받으며 학교에 다님.

    ⑥ 청소년기 : 남자, 여자의 특징이 나타나고 독립심이 강해짐.

    ⑦ 성인기 : 직업을 갖게 되고 결혼을 하여 가족을 이룸.

    ⑧ 노년기 : 키가 작아지고 주름이 많아짐.

p.98 ~99 (2) 개의 한살이 ★ ★ ★

    ① 탄생과정 : 다 자란 개의 암컷과 수컷이 <u>짝짓기</u> 함.
        → 암컷의 배 속에 <u>새끼가 생겨 자람.</u>
        → <u>두 달 정도 지나면</u> 강아지가 태어남.

    ② 갓 태어난 강아지 : 눈이 감겨 있고 귀도 막혀 있음.

    ③ 2~3주 : 눈을 떠 볼 수 있고 귀가 열려 들을 수 있음.

    ④ 6~8주 : 이빨이 나고 밥을 먹기 시작함.

    ⑤ <u>9~12개월</u> : 짝짓기를 하여 새끼를 낳을 수 있음.
          ↳ 다 자란 개

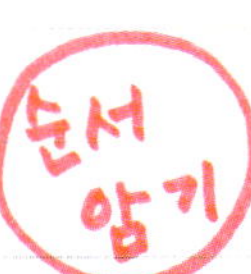

    ※ 동물의 한살이

    → 동물이 태어나서 어린 시절을 거치며 성장하여 자손을
      남기고 죽을 때까지의 과정 ★ ★ ★

(3) 새끼를 낳는 동물 ★★★
　① 특징 : 젖을 먹여 새끼를 기름, 새끼의 모습과 어미의 모습 비슷
　② 생김새 : 대부분 몸이 털과 가죽으로 덮여 있음.
　③ 예 : 박쥐, 고래, 돼지, 침팬지, 개 등

　　〈새끼를 낳는 동물의 한살이〉 ★★
　　가. 새끼로 태어나 젖을 먹으며 자람.
　　나. 이빨이 나고 먹이를 먹기 시작함.
　　다. 다 자란 암수가 만나 짝짓기를 함.
　　라. 시간이 지나면 암컷은 새끼를 낳고 기름.

순서
암기

(4) 닭의 한살이 ★★
　① 알 : 단단한 껍데기에 쌓여 있음.
　② 부화 : 어미 닭이 알을 품은 지 21일이 지나면 병아리가
　　　　부리로 껍데기를 깨고 나옴.
　③ 병아리 : 1일. 어린 병아리는 솜털로 덮여 있음.
　④ 어린 닭 : 30일. 솜털이 깃털로 바뀜.
　⑤ 다 자란 닭 : 6개월. 암탉은 알을 낳음.
　　　　수탉은 암탉에 비해 볏과 꽁지깃이 길고 화려함.

　✳ 알을 낳는 동물
　　· 한살이 과정이 조금씩 다름.
　　· 예 : 물고기, 개구리, 도롱뇽, 뱀, 거북, 새 등

p.101

〈암수의 모습 비교〉 ★

구분	암컷	수컷
사자	갈기가 없음.	갈기가 있음.
원앙	깃털 색이 수수함.	깃털 색이 화려함.
꿩	황갈색에 검은 무늬가 있는 깃털로 수수함.	깃털 색이 선명하고 화려함.
게	배갑의 모양이 둥글고 넓음.	배갑의 모양이 뾰족하고 좁음.
사슴	수컷에 비해 작고 뿔이 없음.	암컷보다 크고 뿔이 있음.

p.102 ~103

(5) 개구리의 한살이 ★ ★ ★

① 알 : 투명한 <u>우무질로</u> 쌓여 있음.

→ 개구리는 물 속에 알을 낳음.

② 올챙이 : 알에서 나와 <u>물 속에서</u> 생활함.

몸통과 꼬리로 되어 있으며 다리가 없음.

<u>모습이 점점 변함.</u>

뒷다리가 나옴.   앞다리가 나옴.   꼬리가 점점 짧아짐.

③ 개구리 : <u>허파로</u> 숨을 쉼.

꼬리가 없어짐.

<u>물과 땅을 오가며 생활함.</u>

암수가 만나 짝짓기를 하고 알을 낳음.

〈올챙이와 개구리 비교〉 ★

구분	올챙이	개구리
겉모양	다리 X , 꼬리 O	다리 4개, 꼬리 X
먹이	플랑크톤 , 죽은 동물 시체	움직이는 작은 벌레
사는곳	물 속	땅 위, 물 속
운동	꼬리를 이용하여 헤엄침.	뒷다리를 이용하여 뛰거나 헤엄침.
호흡	아가미	허파, 피부
울음	소리를 내지 못함.	수컷은 소리 냄.

(6) 한살이 관찰 계획 ★ ★

① 적합한 동물 선택

- 집에서 기르기 쉬운 동물
- 쉽게 구할 수 있는 동물
- 기르는 데 비용이 많이 들지 않는 동물
- 한살이 기간이 너무 길지 않은 동물
- 기를 장소에 적합한 동물

  예) 배추흰나비, 송사리 , 십자매, 토끼 , 개 등

② 관찰 계획서 작성

* 적어야 하는 내용 : 관찰 동물 , 관찰 기간 , 기르는 비용 , 기르는 장소, 먹이, 관리, 사육장 꾸밀 때 필요한 것

③ 관찰하고 기록하기

* 적어야 하는 내용 : 자라는 정도, 변화 모습, 짝짓기 행동 , 새끼나 알을 낳고 기르는 행동 등

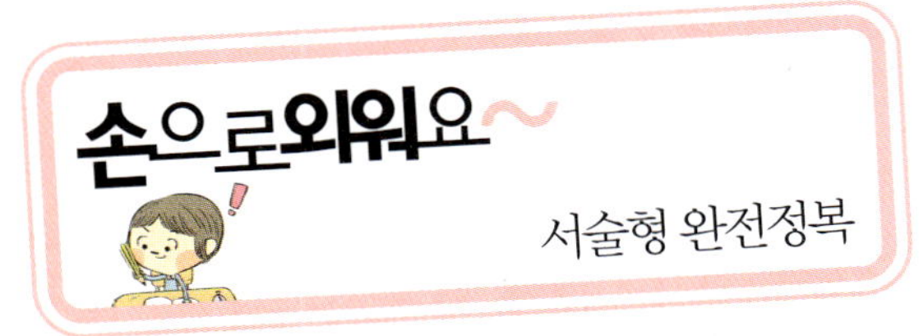

서술형 완전정복

「3-1. 여러 가지 동물의 한살이」

시험 보기 전에 아래 문장들을 꼼꼼히 외워 봅니다.
외울 때 입으로도 외우고, 직접 글로도 써 보세요.

1. 동물이 태어나서 어린 시절을 거치며 성장하다가 자손을 남기고 죽을 때까지의 과정을 동물의 한살이라고 한다.

2. 갓 태어난 강아지는 눈도 감겨 있고, 소리도 잘 들을 수 없으며, 어미의 젖을 먹는다.

3. 새끼를 낳는 동물들은 태어나 젖을 먹으며 자란다.

4. 암탉과 수탉이 짝짓기를 하고 낳은 달걀은 유정란으로 부화를 하고, 암탉이 홀로 낳은 달걀은 무정란으로 부화하지 않는다.

5. 병아리는 암수 구분이 뚜렷하지 않고 몸이 솜털로 덮여 있는데, 닭은 암수 구분이 뚜렷하고 몸이 깃털로 덮여 있다.

6. 암탉은 색이 수수하고 볏이 작은데, 수탉은 색이 화려하고 볏이 크다.

7. 알을 낳는 동물에는 새, 거북, 개구리, 물고기 등이 있다.

8. 개구리 알은 투명한 우무질에 쌓여 있다.

9. 올챙이는 꼬리가 있고 물속에 사는데, 개구리는 꼬리가 없고 물과 땅 위에서 산다.

10. 동물의 한살이를 관찰하기 위해 동물을 기를 때 기를 장소, 구입 비용, 한살이 기간 등을 고려하여야 한다.

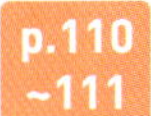

② 배추흰나비의 한살이

p.110~111

(1) 사육상자 꾸미기 ★★★

　① 재료 : 플라스틱 수조, 방충망, 고무줄, 화장지,
　　　　　알루미늄 포일, 분무기

　② 꾸미는 법

　　가. 알이 붙어 있는 배추 잎 준비

　　나. 수조 바닥에 화장지 깔고 물 약간 뿌리기 (습도 유지)

　　다. 배추 잎의 잎자루를 물에 젖은 화장지로 싼 후 알루미늄
　　　　포일로 감싸기 (배추 잎에 수분 공급하여 시들지 않게)

　　라. 수조 윗부분에 방충망 씌우고 고무줄로 고정 (뚜)

(순서 암기)

p.111

　※ 배추흰나비를 기를 때 주의할 점 ★

　　• 알이나 애벌레를 손으로 만지면 안 됨.

　　• 먹이를 줄 때는 야채의 물기를 뺌.

　　• 사육상자는 햇빛이 직접 닿지 않고 바람이 잘 통하는 곳에 놓기

　　• 애벌레가 떨어지면 손으로 집지 말고, 배추 잎을 앞에 두어
　　　스스로 기어오르도록 함.

　　• 야외에서 배추흰나비 알을 채집할 때 알이 붙어 있는
　　　배추 잎을 통째로 채집

　※ 배추흰나비 먹이

　　→ 양배추, 케일, 배추, 갓, 무, 유채 등

p.112 (2) 배추흰나비의 알과 부화과정 ★★

　　①알의 모습 : 1mm 정도의 크기, 줄무늬 옥수수 모양,
　　　　　　　　연한 노란색

　　②부화과정
　　　가. 껍질에 구멍을 냄.
　　　나. 껍질 밖으로 나옴. → 애벌레
　　　다. 애벌레가 껍질을 갉아먹음. (영양분 보충)
　　　　　　　　(크기 : 2~4mm)

p.113 (3) 배추흰나비의 애벌레와 자라는 과정 ★★

　　①애벌레의 모습 : 긴 원통 모양(고리 모양의 마디), 짙은 초록색,
　　　　　　　　몸에 털이 빽빽하게 나 있고 부드러움,
　　　　　　　　머리·가슴·배로 나뉨. (배에는 숨구멍이 있음.)

　　②자라는 과정
　　　가. 1회 허물벗기 - 크기 : 4~8mm
　　　나. 2회 허물벗기 - 크기 : 8~12mm
　　　다. 3회 허물벗기 - 크기 : 12~16mm
　　　라. 4회 허물벗기 - 크기 : 16~30mm

　　　　✗ 허물벗기는 총 4회 !

　　　　　→허물을 벗기 직전에는 아무 것도 먹지 않고 움직이지
　　　　않음.

(4) 배추흰나비의 번데기와 진행 과정 ★★

① 번데기의 모습 : 25mm 정도의 크기, 표면이 딱딱함,
　　　　　초록색에서 점점 주변의 색과 비슷해짐,
　　　　　머리·가슴·배가 있으나 구분이 뚜렷하지 않음,
　　　　　몸이 실로 묶여 있고 움직이지 않음.

② 번데기화 과정

　가. 애벌레가 안전한 곳을 찾음.
　나. 애벌레가 입에서 실을 내어 몸을 고정함.
　다. 허물을 벗기 시작함.
　라. 허물을 벗어 뒤로 보냄.
　마. 번데기의 모습이 됨.
　바. 시간이 지나면서 색깔이 변함.

순서
암기

＊번데기의 색깔은 애벌레가 번데기로 변할 때의 주변 색깔에
　따라 달라짐.

　　→ 적들의 눈에 잘 띄지 않아 안전함.

〈번데기와 애벌레 비교〉 ★

구분	애 벌 레	번 데 기
겉모양	초록색, 털 있고 부드러움.	주변색과 비슷, 털 없고 딱딱
움직임	자유롭게 움직임.	한 곳에 고정되어 있음.
먹이	배추, 케일, 무 등	아무 것도 안 먹음.

(5) 배추흰나비의 모습과 날개돋이 과정 ★★

① 배추흰나비의 모습 : 몸은 털로 덮여 있음. 머리·가슴·배

구분이 뚜렷함.

┌ 머리 : 더듬이 1쌍, 겹눈 1쌍, 긴 대롱 모양의 입
├ 가슴 : 날개 2쌍 (비늘로 덮여 있음.), 다리 3쌍
└ 배 : 여러 개의 마디

② 날개돋이 과정 (= 번데기가 성충이 되는 과정)

가. 번데기가 된 지 일주일 정도 지나면 색깔이 투명해짐.

나. 날개 부분에 검은 점이 보임.

다. 앞쪽 등이 갈라지고 머리와 가슴이 나옴.

라. 날개가 나오면서 배도 함께 나옴.

마. 날개가 펼쳐짐. (아직 젖어 있어서 날지는 못함.)

바. 날개가 단단해져 날 수 있음.

순서
암기

③ 알 낳기 : 성충이 된 배추흰나비의 암컷과 수컷이 짝짓기

→ 배추, 무, 양배추, 케일 등의 잎에 알 낳음.

(6) 배추흰나비의 한살이 ★★★

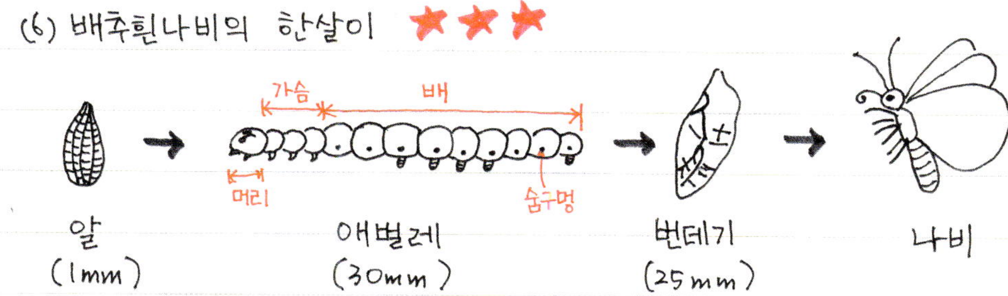

(7) 곤충의 한살이 비교 ★★★

→ 몸이 머리, 가슴, 배로 나뉨. 가슴에 3쌍의 다리가 있음.

구분	완전 탈바꿈	불완전 탈바꿈
특징	번데기 과정을 거침.	번데기 과정을 거치지 않음.
과정	알 → 애벌레 → 번데기 → 성충	알 → 애벌레 → 성충
예	배추흰나비, 장수풍뎅이, 파리, 모기, 사슴벌레 등	사마귀, 잠자리, 매미, 메뚜기 등

〈고치를 만드는 곤충〉 ★★

→ 벌레가 실을 내어 그 실로 지은 집
   몸(번데기)을 보호함.

• 고치를 만드는 곤충 : 누에나방, 곰개미, 노랑쐐기나방 등
• 누에고치 : 누에나방의 고치
             비단 실의 원료가 됨.

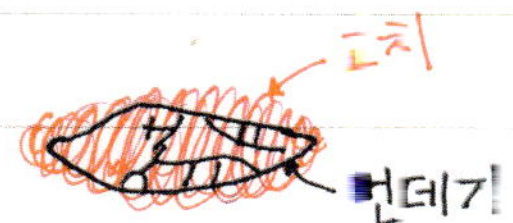

〈교과서 마무리 문제〉 ★ ★ ★

1. 용어 찾기

(1) 곤충의 성장과정 중의 하나로 '알 → 애벌레 → 번데기'
과정을 거쳐 성충으로 되는 현상   (완전 탈바꿈)

(2) 동물이 태어나서 어린 시절을 거치면서 성장하여
자손을 남기고 죽을 때까지의 과정   (동물의 한살이)

(3) 몸은 머리, 가슴, 배의 세 부분으로 나뉘며 가슴에는
다리 세 쌍이 있는 동물   (곤충)

2. 개와 개구리의 한살이 과정 비교

① 번식 : 개는 새끼를 낳고, 개구리는 알을 낳는다.

② 탈바꿈 : 개는 탈바꿈을 하지 않고, 개구리는 한다.

③ 새끼 기르기 : 개는 새끼에게 젖을 먹이고,
                개구리는 아무 것도 먹이지 않는다.
      (*올챙이는 스스로 먹이를 찾는다.)

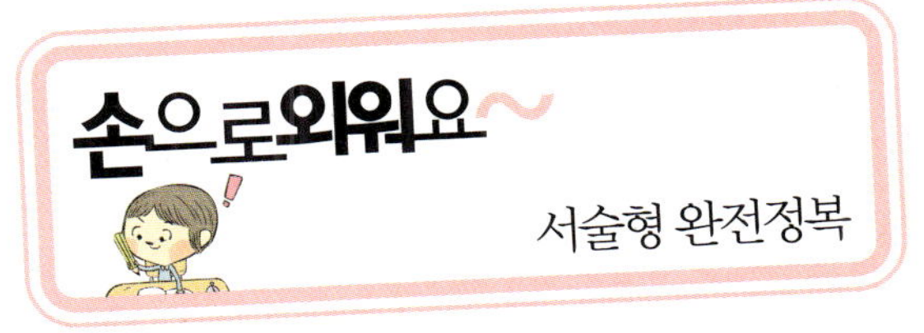

「3-2. 배추흰나비의 한살이」

시험 보기 전에 아래 문장들을 꼼꼼히 외워 봅니다.
외울 때 입으로도 외우고, 직접 글로도 써 보세요.

1. 집에서 배추흰나비를 기르기 위해서는 사육 상자를 꾸며야한다.

2. 물에 적신 화장지를 사육 상자에 깔아 주는 이유는 배추흰나비의 먹이인 배추 등의 채소에 물을 공급해 주어 싱싱한 상태를 유지하게 하기 위해서이다.

3. 알에서 갓 나온 배추흰나비는 알 껍질을 갉아 먹는데, 그 이유는 영양분을 보충하고 흔적을 없애 천적으로부터 자신을 보호하기 위해서이다.

4. 배추흰나비의 애벌레는 먹이와 같이 짙은 초록색을 띠는데, 주변과 같은 몸 색깔로 자신을 보호하기 위해서이다. 이를 보호색이라고 한다.

5. 애벌레는 배추, 케일 등을 먹으면서 총 네 번의 허물을 벗으며 점점 커지는데, 번데기는 아무 것도 먹지 않고 한자리에 고정되어 움직이지도 않고 변하지도 않는다.

6. 배추흰나비의 번데기는 시간이 지나면 표면이 투명해지면서 번데기 속에 들어 있는 나비가 보이기 시작한다.

7. 배추흰나비는 '알→애벌레→번데기→성충'의 과정으로 성장한다

8. 배추흰나비의 성충을 보면 머리에는 더듬이와 눈과 입, 가슴에는 날개와 다리가 있고, 배는 마디로 되어 있다.

9. 곤충의 한살이에서 번데기 과정이 있는 것을 완전 탈바꿈이라 하고, 없는 것을 불완전 탈바꿈이라고 한다.

10. 고치는 벌레가 실을 내어 지은 집으로 그 속에서 번데기가 자라는데, 대표적으로 비단 실의 재료가 되는 누에고치가 있다.

3학년 1학기 과학 공부에
도움되는 책 추천!

다음의 책들을 통해 배경지식도 쌓을 수 있고, 3학년 과학 공부에 더욱 더 자신감이 생길 거예요. 시간을 내어 틈틈이 읽어 봅니다.

과학 추천도서 목록

- 『과학이 재밌어지는 2학년·3학년 맞춤 과학』(홍윤희 지음/ 거인) : 자석, 구름의 종류, 물질의 특성, 동물의 번식, 날씨 등 3학년 과학 공부에 도움이 되는 다양한 내용이 실려 있어요.

- 『초등과학 뒤집기. 21: 상태의 변화』(심민정 지음/ 성우주니어) : 고체, 액체, 기체의 세 가지 물질의 상태에 대해 알 수 있어요. 자세한 그림과 사진이 나와 있어서 이해가 쉬워요. 1단원 공부에 도움이 될 거예요.

- 『자석 수수께끼를 풀어라』(레베카 카미 지음/ 비룡소) : 자석의 성질과 극, 자기력 등에 대해 알 수 있어요. 2단원 공부에 도움이 될 거예요.

- 『벌레가 벌렁벌렁』(닉 아놀드 지음/ 주니어김영사) : 벌레에 대한 온갖 내용이 아주 재미있게 나와 있어요. 벌레의 종류와 한살이 과정, 탈바꿈 등에 대해 알 수 있어요. 3단원 공부에 도움이 될 거예요.

- 『내일은 실험왕. 9: 날씨의 대결』(곰돌이 지음/ 아기세움) : 서바이벌 과학 만화책이에요. 비와 구름, 바람은 어떻게 생기는지 날씨를 관찰하고 측정하는 방법은 무엇인지 알 수 있어요. 4단원 공부에 도움이 될 거예요.

Ⅳ. 날씨와 우리 생활

p.156 ★ 핵심 내용

⊙ 날씨를 나타내기 위해서는 기온, 바람의 세기, 구름의 양, 비의 양과 같은 여러 가지 요소가 필요하다.

⊙ 날씨는 신문, 텔레비전, 라디오, 인터넷, 전화 등을 통하여 미리 알 수 있다.

⊙ 우리 생활은 날씨의 영향을 많이 받는다.

⊙ 날씨를 미리 알아보면 날씨로 인한 피해를 막고 날씨를 생활에 이용할 수 있다.

★ 단원 구성

기온, 바람, 구름, 비 ·· 맑은 날, 흐린 날

- 온도와 기온
- 장소에 따른 기온 변화
- 시간에 따른 기온 변화
- 바람의 방향과 세기
- 구름 관찰
- 비의 양
- 날씨 조사

- 날씨 정보
- 일기 예보
- 날씨와 우리 생활의 관계

① 기온, 바람, 구름, 비

(1) 기온 ★★

    ① 뜻 : 공기의 온도

    ② 온도 : 차갑고 따뜻한 정도를 숫자로 나타낸 것

                          → 온도가 높음.

       → 온도가 낮음.

    ✱ 기온 및 온도를 재는 도구 : 온도계

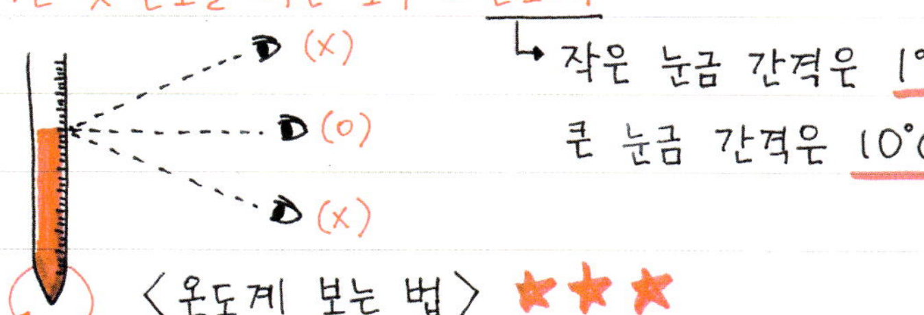

    → 작은 눈금 간격은 1℃

      큰 눈금 간격은 10℃

<온도계 보는 법> ★★★

- 20~30 cm 떨어진 곳에서 눈의 위치와 빨간 액체의 눈금 위치가 수평이 되도록 하여 눈금 읽기
- 손으로 잡을 때는 윗부분 잡기
- 온도계의 둥그란 부분 만지면 안 됨.

          → 빨간 액체가 들어 있는 아랫부분

- 23℃ : '섭씨 이십삼 도'라고 읽음.

(2) 장소에 따른 기온 변화 ★★

    (높다) ←—————————————→ (낮다)

    ① 햇빛이 비치는 곳 > 햇빛이 비치지 않는 곳

    ② 운동장 바닥 > 사람의 키 높이 (여름날 오후 온도를 잰 경우)

        ✱ 재는 장소와 높이에 따라 기온 변함.

        ✱ 백엽상에서 재는 것이 가장 정확함.

                              → 운동장 바닥 열이 뜨거움.

(3) 시간에 따른 기온의 변화 ★★

① 아침에 낮아졌다가 한낮에 높아졌다가 저녁에 다시 낮아짐.

(※하루 동안의 기온 변화를 측정할 때 주의할 점
→ 같은 장소에서 측정해야 함.)

② 기온은 하루 동안 끊임없이 변함.

③ 날씨를 알릴 때에는 하루 중 최저 기온(가장 낮은 기온)과
최고 기온(가장 높은 기온)을 함께 나타냄.

(4) 바람의 방향과 세기

① 바람에 의해 날씨가 달라짐.

② 바람에 의해 차고 따뜻하게 느껴지는 정도가 다름.

③ 바람을 재는 도구 : 풍향계, 풍속계

〈풍향계〉 ★★★

• 바람의 방향을 잼. (방위를 나타냄.)

• 풍향계의 화살이 바람이 불어오는 쪽을 향함.

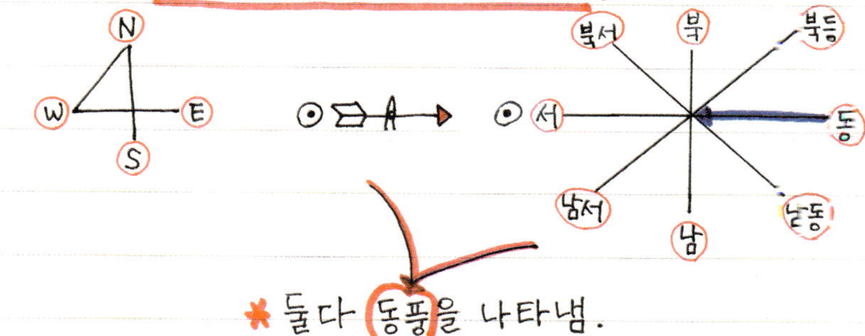

※ 둘다 동풍을 나타냄.

〈풍속계〉 ★★

• 바람의 세기를 잼.

• 풍속계의 숫자가 클수록 바람이 세게 분다는 뜻

(5) 구름 관찰과 날씨 ★★

① 구름 사진이나 그림으로 관찰

② 모양, 크기, 양, 색깔이 다양

③ 항상 움직임. (기상 위성 사진으로 관찰)

④ 구름의 양 : 날씨의 맑고 흐림과 관련

　　→ 구름의 양이 적을수록 맑고, 많을수록 흐림.

⑤ 구름의 색깔 : 비가 올지 안 올지 예측

　　→ 구름의 색깔이 짙을수록 비 올 확률 높음.

〈구름과 날씨 기호〉 ★

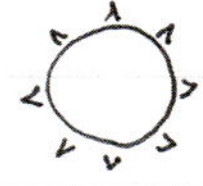   

맑음　　구름 조금　　구름 많음　　흐림

〈구름의 모양과 종류〉 ★★

· 새털구름
· 비늘구름　) 맑은 날

· 양떼구름
· 뭉게구름

· 소나기 구름
· 비구름　) 비가 오거나 흐린 날

(6) 비의 영향 ★

① 비는 우리 생활에 영향을 미침.
　예) 비가 오면 우산을 씀.

② 비가 많이 내리면 피해를 입기도 함.
　예) 홍수로 농작물이 잠김.

　＊ 비의 양을 알면 좋은 점 ★★
　　・지역에 따른 비의 양을 비교하여 각 지역의 날씨 특성 파악
　　・비로 인한 피해를 예상하여 대비할 수 있음.
　　→ 빗물의 높이로 나타냄.

〈우량계〉 ★★★
　・비의 양을 측정하는 도구
　・위와 아래의 너비가 같은 둥근기둥 모양
　・속에 빗물을 모으는 깔대기가 있음.
　・깔대기 아래 빗물을 모으는 병이 있음.
　・빗물의 높이를 재어 비의 양 측정 (단위 : mm)

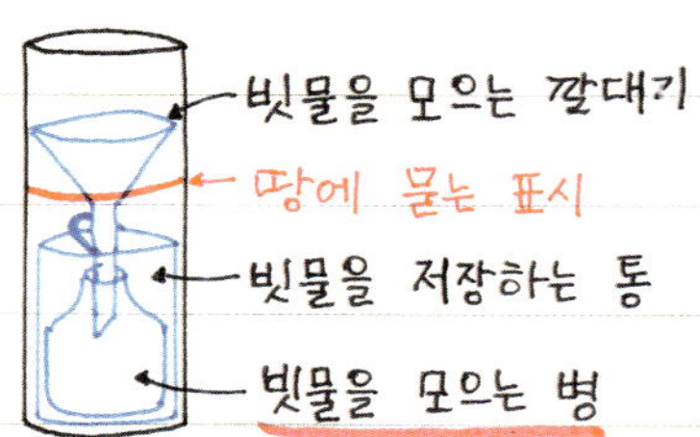

　→ 이 병에 모인 빗물의 높이를 잼.

〈측우기〉
　・조선 세종 때 만든 세계 최초의 우량계
　・가뭄과 홍수에 대비할 수 있음.
　・농사에 큰 도움이 됨.

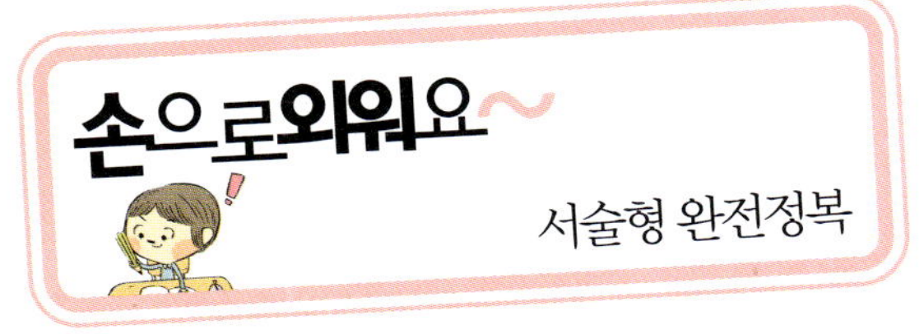

「4-1. 기온, 바람, 구름, 비」

시험 보기 전에 아래 문장들을 꼼꼼히 외워 봅니다.
외울 때 입으로도 외우고, 직접 글로도 써 보세요.

1. 공기의 온도를 기온이라 하고, '°C'로 표현하고, "섭씨 (몇) 도"라고 읽는다.

2. 온도계를 읽을 때는 눈의 위치와 빨간 눈금의 위치를 수평이 되게 한 다음 읽는다.

3. 장소에 따라 기온이 다르고, 같은 장소에서도 높이에 따라 기온이 다르다.

4. 바람의 방향은 풍향계로 알 수 있는데, 화살이 가리키는 쪽이 바람이 불어오는 방향이다.

5. 바람의 방향을 그림으로 표시할 때는 바람이 불어오는 쪽에서 화살표를 그린다.

6. 바람의 세기는 풍속계로 알 수 있는데, 숫자가 높을수록 바람이 세게 분다는 뜻이다.

7. 구름의 양이 많고 색이 짙을수록 비올 확률이 매우 높다.

8. 맑은 날에는 새털구름이나 비늘구름을 볼 수 있고, 비가 오거나 흐린 날에는 소나기구름이나 비구름을 볼 수 있다.

9. 비의 양을 알면 생활 계획을 세울 수 있고, 다른 지역과 비교할 수 있고, 피해에 대한 대책을 세울 수 있다.

10. 현대에는 우량계로 비의 양을 재는데, 그것은 높이로 표현된다.

2 맑은 날, 흐린 날

p.148 ~149

(1) 날씨 정보 ★★

① 기온, 바람, 구름, 비 등이 날씨 정보에 속함.

② 일기 예보를 통해 날씨 정보를 알 수 있음.
  └→ 앞으로의 날씨를 미리 알려 주는 것

＊ 일기 예보를 해 주는 곳

- 기상청 : 날씨 관측하여 정보 제공

- 텔레비전, 라디오, 신문, 인터넷, 전화, 기상청 누리집 등
  → 기상청에서 정보를 받아 날씨를 알려 줌.

〈신문의 날씨 정보〉 ★

- 전체예보 : 전국의 날씨를 간단하게 설명함.

- 풍향과 풍속 : 바람의 방향과 세기 나타냄.

- 생활지수 : 우리의 생활과 관련하여 날씨를 알려 줌.

- 지역날씨 : 각 지역별 구름의 양과 기온이 나타나 있음.

- 비 올 확률 : 비가 올 확률을 숫자로 나타낸 것, 숫자가 클수록 비가 올 가능성 높음.

- 주간 날씨 : 일주일의 날씨를 알려 줌.

- 그 외 : 해 뜨고 지는 시각, 달 뜨고 지는 시각, 밀물과 썰물 시각

p.150

(2) 날씨와 생활 ★★

① 날씨에 따라 옷차림, 야외 활동 계획 등이 달라짐.

② 날씨에 맞추어 농사를 지음. (씨 뿌리기 (봄), 수확하기 (가을) 등)

③ 태풍이 불거나 파도가 높은 날은 어업 활동 자제

p.151

〈날씨로 인한 피해와 대비책〉 ★★★

• 피해 : 황사, 가뭄, 홍수, 폭설 등

• 대비책 ┌ 방파제 : 바람에 의한 높은 파도에 대비

　　　　├ 댐 : 홍수나 가뭄에 대비

　　　　└ 제주도 초가 지붕 : 강한 바람에 대비

p.152

(3) 날씨의 이용 및 대비 ★★

① 맑고 따뜻한 날씨 : 야외 나들이, 실외 운동 등

② 바람 부는 날씨 : 연날리기, 패러글라이딩, 윈드서핑 등

③ 눈 오는 날씨 : 스키, 스케이트, 눈썰매 등

④ 매우 더운 날씨 : 선풍기나 에어컨 구입

⑤ 비가 오는 날씨 : 우산, 비옷 등 구입

p.153

〈날씨와 관련된 상품〉 ★

• 봄 : 황사 → 마스크, 공기청정기 등

• 여름 : 더위 → 물놀이 용품, 선풍기, 아이스크림 등

• 겨울 : 추위 → 난방 기구, 겨울 스포츠 용품 등

*날씨를 미리 알면 좋은 점 ★★

• 날씨에 맞추어 생활 계획을 잘 짤 수 있음.

• 날씨 관련 제품을 미리 생산할 수 있음.

• 비행기, 선박, 자동차 등 안전사고를 예방할 수 있음.

• 공연, 행사 준비를 할 때 대비할 수 있음.

〈교과서 마무리 문제〉

  1. 알맞은 말 쓰기

    (1) 날씨를 나타내고자 할 때는 (기온), (구름의 양),
        (바람의 방향과 세기), (비의 양) 등을 조사

    (2) 공기의 차고 따뜻한 정도를 숫자로 나타낸 것 (기온)

    (3) 그림 보고 방향 적기

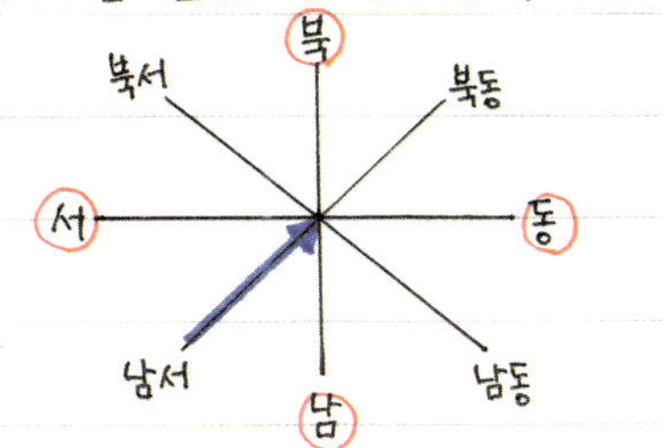

    (남서풍)

  2. 질문에 답하기

    (1) 내일의 날씨를 미리 알아보기 위한 방법
        (신문, 텔레비전, 인터넷, 라디오 등의 일기 예보)

    (2) 날씨 때문에 겪은 일
        (우산을 챙기지 않았는데 갑자기 비가 와서 옷이 젖음.)

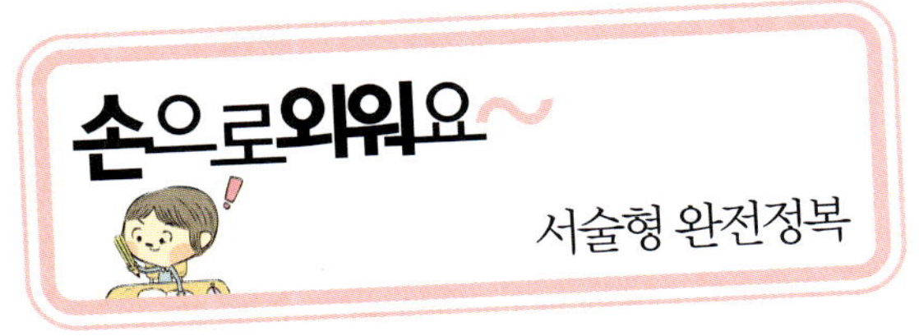

「4-2. 맑은 날, 흐린 날」

시험 보기 전에 아래 문장들을 꼼꼼히 외워 봅니다.
외울 때 입으로도 외우고, 직접 글로도 써 보세요.

1. 일기 예보는 앞으로의 날씨를 알려 주는데, 기상청에서 예측하고 라디오, TV, 신문, 인터넷, 일기예보 안내 전화 등을 통해 보도된다.

2. 신문의 날씨란을 보고 알 수 있는 날씨 정보는 전체 예보, 풍향과 풍속, 생활지수, 비 올 확률, 주간 날씨, 지역별 날씨 등이다.

3. 날씨는 농사, 고기잡이, 장사 등에 영향을 미치는데, 예를 들어 바람이 세차게 불면 고기잡이를 할 수 없고, 비가 오면 우산이 많이 팔린다.

4. 날씨는 피해를 주기도 하는데 태풍, 홍수, 가뭄, 폭설, 황사, 낙뢰, 우박 등이 있다.

5. 날씨를 알면 피해에 대비할 수 있는데 홍수는 둑과 제방으로, 가뭄은 댐으로, 높은 파도는 방파제로 대비할 수 있다.

6. 제주도 사람들은 강한 바람에 대비하기 위해 돌로 담장을 쌓고, 초가지붕을 그물처럼 엮어맨다.

7. 사람들은 날씨를 이용하여 여러 가지 활동을 하는데, 맑고 따뜻한 날씨에는 야외 나들이를 하고, 바람이 부는 날에는 연날리기나 보트타기를 하고, 추운 날에는 스키를 탄다.

8. 봄에는 황사 바람이 불기 때문에 마스크나 공기청정기 판매가 늘어날 수 있고, 여름 에는 높은 기온 때문에 물놀이 용품이나 에어컨 등이 많이 팔린다.

생활 속에서도
과학 공부를 할 수 있어요!

우리 주변에는 과학 공부를 돕는 자료, 아이디어, 그리고 활동들이 참 많답니다. 어떤 것들이 있는지 알아볼까요?

생활 속 과학 공부법

매일 일기예보를 확인해요. 신문이나 텔레비전, 인터넷을 통해 날씨 정보를 알려 주는 일기예보를 확인할 수 있어요. 이를 통해 계절별, 지역별 날씨 특성과 기후 변화를 알 수 있어요.

동물이나 식물을 키워요. 애완동물이나 곤충 등을 키우면 생김새, 특성, 한살이 과정 등을 생생히 알 수 있어요. 또 관찰력도 길러지기 때문에 일석삼조이지요. 강낭콩이나 콩나물 같은 식물을 길러 보는 것도 과학 공부에 매우 도움이 된답니다.

자연사 박물관 견학을 가요. 자연사 박물관에 가면 동식물에 관한 엄청난 지식을 한꺼번에 알 수 있고, 진화의 과정, 인류의 탄생 등을 모두 알 수 있어요.

동물원에 가요. 봄에는 동물원에 가 봅니다. 그러면 많은 새끼들을 볼 수 있어요. 새끼들이 어떻게 생겼고, 어떤 행동을 하는지 자세히 관찰해 보세요. 그리고 동물의 암컷과 수컷이 어떻게 다른지도 조사해 봅니다.

과학 체험전에 가요. 요즘에는 직접 실험도 하고 관찰도 할 수 있는 과학 체험전이 종종 열려요. 이때 주저하지 말고 체험전에 가서 평소에는 하기 힘든 여러 가지 실험들을 해 봅니다.

과학 교과서 알짜 낱말풀이

과학 교과서에 실린 낱말들을 알아야 교과서를 술술 읽을 수 있어요!

모르는 어휘가 나오면 다음의 낱말풀이 사전에서 찾아 뜻을 새겨 보세요.

과학 어휘력이 쑥쑥 늘어날 거예요.

ㄱ

- **강수량** : 비·눈·우박 등으로 땅 위에 내린 물의 총량
- **강철** : 0.35-1.70%의 탄소가 함유된 철. 매우 단단함.
- **고치** : 벌레가 실을 토하여 제 몸을 둘러싸서 긴 타원형으로 얽어 만든 집
- **고체** : 담는 그릇을 바꾸어도 모양이나 크기가 변하지 않는 물질의 상태
- **곤충** : 벌레의 한 종류. 머리, 가슴, 배로 나뉨.
- **관찰** : 어떤 물체나 행동, 일 등의 특징에 대하여 자세히 살펴보는 것. 관찰을 할 때는 눈, 코, 귀, 손 등을 사용함.
- **관측** : 자연 현상의 추이·변화를 관찰하고 측정함.
- **구리** : 붉고 윤이 나는 금속 원소. 자연동으로나 화합물로 나누며 은 다음으로 전기 및 열을 잘 전달하는 물체임.
- **구실** : 직무. 역할
- **금속** : 쇠붙이
- **기상** : 비·눈·바람·안개·구름·기온 등 대기 가운데서 일어나는 모든 물리적 현상
- **기상청** : 기상 상태를 관측하고 예보하는 중앙 행정 기관
- **기압** : 대기의 압력
- **기온** : 공기의 온도
- **기준** : 기본이 되는 표준
- **기체** : 공기·산소·수소 따위처럼 분자 사이의 거리가 멀어서 각 분자가 자유로이 움직이므로 일정한 모양과 부피를 갖지 못하는 물질

- **나노** : 머리카락 굵기의 10만 분의 1 정도로 매우 작은 크기를 재는 단위
- **나침반** : 자석 바늘이 남북을 가리키는 특성을 이용하여 방향을 알 수 있도록 만든 기구
- **날씨** : 그날의 기상 상태
- **내시경** : 사람의 몸속을 들여다볼 때 사용하는, 아주 작은 카메라가 달린 가느다란 의료 기구
- **내용물** : 속에 든 물건이나 물질
- **누에고치** : 누에가 번데기로 될 때에 그 바깥 둘레에 만드는 알집의 집. 실로 되어 있음.
- **눈금** : 자, 저울 따위에 수나 양을 헤아리기 위하여 새긴 금
- **눈금 실린더** : 액체의 부피를 잴 수 있도록 만든, 눈금이 새겨진 원통형의 시험관

- **닻** : 배를 고정시키기 위하여 줄에 매어 물에 던지는 쇠로 된 무거운 물체
- **더듬이** : 곤충 등의 절지동물의 머리 부분에 있는 감각 기관. 후각, 촉각 따위를 맡아보고 먹이를 찾고 적을 막는 역할을 함.
- **도안** : 미술품·공예품·건축물·상품 등을 만들거나 꾸미기 위하여 그안한 것을 설계하여 그림으로 나타낸 것
- **동물** : 생물을 식물과 함께 둘로 나눌 때의 하나. 운동·감각·신경 등의 기능이 발달하고 주로 유기물을 섭취함. 소화·배설·호흡·순환·생식 등의 각 기관이 나뉘어짐. 새·짐승·물고기 등의 한꺼번에 일컬음. ↔ 식물

- **마디** : 뼈와 뼈가 맞닿은 곳. 관절. 불룩하게 두드러진 곳
- **마그네슘** : 은백색의 가벼운 금속 원소. 산에 잘 녹고, 수소를 나오게 함. 사진 촬영할 때의 플래시, 불꽃놀이 등에 씀.
- **마그네틱선** : 영구 자석을 이용하여 컴퓨터 따위에서 자기 녹음이나 녹화를 할 수 있는 테이프. 여기에 정보를 기록함.
- **멸종** : 씨가 없어짐. 한 종류가 모두 없어짐. 또는 모두 없앰.
- **명칭** : 사물을 부르는 이름. 호칭
- **물살** : 물이 흐르는 힘
- **물질** : 물체를 이루는 재료. 물건의 본바탕
- **물체** : 모양을 지니고 공간을 차지하고 있는 것
- **뭉게구름** : 위로 높이 쌓여 있는 구름. 뭉게뭉게 피어올라 윤곽이 확실하게 나타나는 구름으로, 밑은 평평하고 꼭대기는 솜을 쌓아 놓은 것처럼 뭉실뭉실한 모양이며 햇빛을 받으면 하얗게 빛남. 무더운 여름에 생기며 비는 내리지 않음.

- **박테리아** : 세균. 우리 몸에 들어와 병을 일으킴.
- **방충망** : 파리 · 모기 등의 해충이 날아들지 못하게 창문 같은 곳에 치는 망
- **백엽상** : 기온 · 습도 · 기압 등을 재기 위하여 만든 상자
- **번데기** : 완전 탈바꿈을 하는 곤충류의 애벌레가 성충으로 되기 전에 한동안 아무 것도 먹지 않고 고치 속에 죽은 것처럼 들어 있는 몸
- **부표** : 물 위에 띄워 어떤 표적을 삼는 물건

- **부품** : 기계 따위의 어떤 부분에 쓰는 물품

- **부착** : 들러붙음. 또는 붙이거나 달라붙게 함.

- **분류** : 여러 가지 물체나 행동, 일 등에서 비슷한 점과 다른 점을 알아보고 비슷한 점이 있는 것끼리 묶는 것

- **불완전 탈바꿈** : 알에서 깬 애벌레가 번데기를 거치지 않고 바로 성충으로 되는 것

- **비구름** : 비를 몰아오는 구름

- **비늘구름** : 높은 하늘에 그늘이 없는 희고 작은 구름 덩이가 촘촘히 흩어져 나타나는 구름

- **뽕잎** : 뽕나무의 잎. 누에의 먹이

- **사육 상자** : 곤충이나 벌레를 기르는 상자

- **사료** : 가축에 주는 먹이

- **산소** : 물을 만드는 원소 중 하나. 모든 원소 중에서 가장 많이 존재하여 공기 중의 5분의 1, 물의 무게의 9분의 8, 지각 질량의 2분의 1을 차지 함. 색깔도 없고, 맛도 없고, 냄새도 없음. 호흡을 할 때 필요함.

- **새털구름** : 푸른 하늘에 높이 떠 있는 하얀 섬유 모양의 구름

- **성질** : 사물이나 현상이 가지고 있는 고유의 특성

- **성충** : 다 자라서 짝짓기를 하여 알을 만들 수 있는 곤충

- **소나기구름** : 뭉게구름보다 낮음. 위는 산 모양으로 솟고 아래는 비를 머금고 있음. 물방울과 얼음 알갱이를 포함하고 있어 우박, 소나기, 천둥 따위를 동반하는 경우가 많음.
- **소모** : 써서 없앰.
- **수소** : 모든 물질 가운데 가장 가벼운 기체 원소. 빛깔과 냄새와 맛이 없고 불에 타기 쉬움. 환원 작용을 일으키며 금속에 대하여 친화력이 적음.
- **수신** : 신호를 받음.
- **수조** : 물을 담아 두는 큰 통
- **수컷** : 동물의 남성
- **스포이트** : 잉크·물약 등을 옮겨 넣을 때 쓰는 고무주머니가 달린 유리관
- **습도** : 대기 중에 들어 있는 수증기의 정도. 또는 그것을 나타내는 양
- **쓰임새** : 쓰임의 수량이나 정도

- **아가미** : 물속에서 사는 동물, 특히 어류에 발달한 호흡 기관
- **안테나** : 공중에 세워서 다른 곳에 전파를 내보내거나 다른 곳의 전파를 받아 들이는 도선으로 된 장치
- **알갱이** : 작고 동그랗고 단단한 물질
- **알루미늄** : 은백색의 가볍고 부드러운 금속 원소. 가공하기 쉽고 가벼우며 잘 닳지 않음. 인체에 해가 없으므로 건축, 화학, 가정용 제품 따위에 널리 쓰임.
- **알코올** : 무색의 휘발성 액체. 특유의 냄새와 맛을 가지며, 인체에 흡수되면 흥분이나 마취 작용을 일으킴. 술과 유사

- **암수** : 암컷과 수컷을 아울러 이르는 말

- **암컷** : 암수 구별이 있는 동물에서 새끼를 배는 쪽

- **양떼구름** : 높은 하늘에 크고 둥글둥글하게 덩어리진 구름

- **애벌레** : 알에서 부화되어 아직 엄지벌러가 안 된 벌레

- **액체** : 물·기름처럼 일정한 양은 있으나, 일정한 모양이 없는 유등성 물질

- **엔진** : 열 에너지, 전기 에너지, 수력 에너지 따위를 기계적인 힘으로 바꾸는 장치. 주로 열 에너지를 이용하는 열기관을 일컬음.

- **염려** : 마음을 놓지 못함. 걱정함.

- **염색** : 천 따위에 물을 들임.

- **예상** : 앞으로 어떤 일이 일어날지 생각해 보는 것

- **온도** : 차갑고 따뜻한 정도를 숫자로 나타낸 것

- **완전 탈바꿈** : 곤충의 한살이 과정에서 알, 애벌레, 번데기의 3단계를 거치는 일

- **우량계** : 어느 시간 동안의 비의 양을 밀리미터 단위로 재는 기계

- **유연하다** : 부드럽고 연하다.

- **의사소통** : 관찰, 분류, 측정, 예상, 추리 등을 통해 활동한 내용을 친구들에게 발표하고 서로의 생각을 나누며 이야기를 주고받는 것

- **인공** : 사람의 힘으로 자연에 대하여 가공하거나 작용을 하는 일

- **일기 예보** : 일기의 변화를 예측하여 미리 알리는 일. 일기도를 통하여 일기 상태의 시간에 따른 변화를 분석하고 앞으로의 대기 상태를 예측함.

- **일생** : 살아 있는 동안의 성장 과정. 태어나서 죽을 때까지의 신체적 · 정신적 성장 과정

- **자기력** : 자석이 철로 된 물체를 끌어당기는 힘
- **자석** : 철을 끌어당기는 성질이 있는 물체
- **자철석** : 산화철로 이루어진 산화 광물. 결정 그대로 또는 덩어리 모양, 알갱이 모양, 층 모양 등이 있음. 가운데 부분이 자성이 가장 강함.
- **자화** : 자석이 아닌 물체가 자석의 성질을 가지게 되는 것
- **작용** : 어떠한 현상을 일으키거나 영향을 미침.
- **장비** : 갖추어 차림. 또는 그 장치와 설비
- **저장** : 물건이나 재화 따위를 모아서 간수함.
- **전파 발신기** : 전자기파를 내보내는 기계 장치
- **정밀** : 가늘고 촘촘함. 자세하고 치밀함.
- **조사** : 사물의 내용을 자세히 살펴보거나 찾아봄.
- **증기** : 물이나 얼음이 증발 또는 승화하여 생긴 기체. 수증기
- **진열대** : 여러 사람이 볼 수 있도록 물품이나 상품을 진열하는 대
- **질소** : 공기의 약 $\frac{4}{5}$을 차지하는 기체 원소. 동식물체를 구성하는 단백질에서 빠뜨릴 수 없는 중요한 성분임.
- **쪽** : 여과의 한해살이풀. 잎은 긴 타원형. 여름에 붉은 꽃이 피고, 잎은 남빛의 물감으로 씀.

ㅊ

- **채집** : 식물이나 동물 등의 표본을 채취하여 모으는 일
- **천연** : 사람의 힘을 가하지 않은 생긴 그대로, 자연 그대로의 상태
- **첨단 장비** : 가장 앞선 기술의 장비
- **추리** : 어떤 일이 일어난 후 그 일이 어떻게 일어나게 되었는지 생각해 보는 것
- **측우기** : 조선 세종 24년(1442)에 세계 최초로 만들어진 우량계. 비가 온 양을 측정하는 데 쓰는 기구
- **측정** : 어떤 것의 크기, 길이, 무게 등을 재는 것
- **치자** : 치자나무 열매. 물감 원료로 쓰임.

ㅌ

- **탐구** : 조사하여 찾아내거나 얻어냄.
- **통과** : 통하여 지나가거나 옴.

ㅍ

- **풀러렌** : 탄소만으로 이루어진 축구공 모양의 물질
- **풍속계** : 바람의 세기를 측정하는 기계. 풍력계
- **풍향계** : 바람이 부는 방향을 관측하는 계기. 보통 수직의 축에 회전이 자유로운 화살 깃을 직각으로 단 것을 사용함.

- **한살이** : 동물 등이 태어나서 어린 시절을 거치며 성장하여 자손을 남기고 죽을 때까지의 과정

- **허물** : 파충류, 곤충류 따위가 자라면서 벗는 껍질.

- **헬륨** : 수소 다음으로 가벼운 기체 원소. 다른 원소와 화합하지 않고 화학적으로 안정되어 있음. 기구용 기체 등으로 쓰임.

- **현상** : 인간이 지각할 수 있는, 사물의 모양과 상태

- **홍화** : 국화과의 두해살이풀. 높이는 1미터 정도이며, 잎은 어긋나고 넓은 삐침 모양. 꽃물로 붉은빛 물감을 만듦.

- **효율** : 기계가 한 일의 양과 그에 공급된 에너지의 비(**예** '효율이 높다' 는 '적은 양의 에너지로 많은 일을 한다' 는 뜻)

- **휘발유** : 석유의 휘발 성분을 이루는 무색의 투명한 액체. 가솔린